黄河國家治理文獻集成（民國卷）第十册

《黄河國家治理文獻集成》編委會 編

總第七十四册

山東黄河沿岸虹吸淤田工程計劃

山東建設廳 編

喬恩懋 選編

黄河中游調查報告

王華棠 劉錫彤 吴樹德 編

喬恩懋 選編

內蒙古出版集團
內蒙古人民出版社

圖書在版編目（CIP）數據

山東黄河沿岸虹吸淤田工程計劃 / 山東建設廳編 ； 喬恩懋選編．黄河中游調查報告 / 王華棠，劉錫彤，吴樹德編 ； 喬恩懋選編．-- 呼和浩特 ： 内蒙古人民出版社，2025. 8. --（黄河國家治理文獻集成）. -- ISBN 978-7-204-18458-3

Ⅰ．TV882.1

中國國家版本館 CIP 數據核字第 2025MD7746 號

山東黄河沿岸虹吸淤田工程計劃　　**黄河中游調查報告**

山東建設廳　編　　王華棠　劉錫彤　吴樹德　編

編　　者　喬恩懋
策劃編輯　賈大明
責任編輯　白　玲
裝幀設計　劉那日蘇　吉　雅　安立新
責任監印　李倩茹
出版發行　内蒙古出版集團　内蒙古人民出版社
地　　址　呼和浩特市新城區中山東路 8 號波士名人國際 B 座 5 層
網　　址　http://www.impph.cn
印　　刷　内蒙古愛信達教育印務有限責任公司
開　　本　880mm × 1230mm　1/16
印　　張　13.5
字　　數　150 千
版　　次　2025 年 8 月第 1 版
印　　次　2025 年 8 月第 1 次印刷
印　　數　1—1000 册
書　　號　ISBN 978-7-204-18458-3
定　　價　115.00 元

編纂委員會

主　　任　陳利保

副 主 任　周承英　吴義學　王　瑶

成　　員　賈大明　何可欣　董立群　羅　婧　王曉俊　董麗娟
　　　　　白　玲　特日格勒　徐　飛　李月琪　王麗燕　李　琳

主　　編　董　杰

副 主 編　張曉東　曹　玲

委　　員（按姓氏筆畫排序）
王　丹　王智慧　王鑫義　白胡日查　朱紫陽　李　萌
李新蕊　姚亞菲　陳　思　曹佳興　梁芹洋　張文文
張　岩　張博原　張　祺　張曉英　喬恩懋　賀　莎
楊　怡　楊建國　楊　承　霍燕平　魏雪剛

引　言

千古河流成沃野，幾年沙勢自風湍。

得益于黄河冲積所帶來的疏松土質和有機物，中華先民利用石製工具開始了農業生産，并逐步發展出旱地粟作農業，『能够最大程度保障食物供給的穩定性，奠定了中華文明起源和形成的堅實基礎』〔一〕。而利用河水灌溉，提高區域可預測農業産量，『在産業史上起着最有决定性的作用』〔二〕。隨後，技術進步、經濟發展、人口增加，讓先民的文化生活大爲豐富。嚴文明先生評價道：『這是一場影響深遠的革命。』〔三〕在這場革命中，平衡水、沙、産、人四者之間的關係，始終是黄河治理的核心問題。四者關係一旦失衡，就容易引發諸多灾患。

歷史上，黄河下游因人口稠密、經濟發達，一直是學術界關注的重點。但自河源至今内蒙古托克托縣河口鎮的黄河上、中游區域，雖遠離王畿，人口稀疏，却也一直備受關注，人們逐步認識到黄河全流域治理是國家的重要任務。《漢書》載：『堤防之作，近起戰國，雍防百川，各以自利。』〔四〕没有全流域的協同治理，僅靠各地分段築堤，則黄河河患無法解决。秦建立了中國歷史上第一個中央集權大一統王朝，秦始皇東巡碣石，刻石銘記『决通川防，夷去險阻』〔五〕，開啓中央政府調動各要素治黄之先河，這『在中國，實質上是國家的一種職能』〔六〕。同時，國家通過對黄河的有效治理，爲沿黄流域人民群衆乃至其他地區人民群衆提供了重要的公共物品和産業支撑，成爲人民群衆眼中中央政府的功過評價指標之一。因此，治黄在增强沿黄各族群國家、政治、文化認同的基礎上，强化了中國大一統國家的合法性，成爲歷代國家治理能力的一個重要測度。

一、黄河治理維護了國家的社會穩定

從秦并六國到漢朝建立大一統國家，中國統一的多民族國家形成并得到初步發展。當時中央政府對所轄疆域有『北邊郡』和『内郡』之稱。内蒙古額濟納旗出土的居延漢簡有載，『豤（墾）田以鐵器爲本北邊郡毋鐵官印器内郡令郡以時博賣予細民毋令豪富吏民得多取販賣細民』，可以看出北邊郡是與内郡相對應的行政管轄區域。《史記》卷二十八『封禪書第六』載：『上乃遂去，並（并）海上，北至碣石，巡自遼西，歷北邊至九原。』〔七〕。《史記》卷三十『平準書第八』載：『天子北至朔方，東到太山，巡海上，並（并）北邊以歸。』〔八〕司馬遷多次提及北邊，足見統治者對北邊治理的重視。

漢武帝時，齊人延年提出從今内蒙古引黄河水經今北京一帶，向東注入渤海，以衛北部邊疆。『是時方事匈奴，興功利，言便宜者甚衆。齊人延年上書言：「河出昆侖，經中國，注勃海，是其地勢西北高而東南下也。可案圖書，觀地形，令水工準高下，開大河上領，出之胡中，東注之海。如此，關東長無水災（灾），北邊不憂匈奴，可以省隄（堤）防備塞，士卒轉輸，胡寇侵盜（盗），覆軍殺將，暴骨原野之患。天下常備匈奴而不憂百越者，以其水絶壤斷也。此功壹（一）成，萬世大利。」』[九]《史記》卷二十四『樂書第二』載：『天馬來兮從西極，經萬里兮歸有德。承靈威兮降外國，涉流沙兮四夷服。』[十]如今，包頭地區出土了『四夷盡服』瓦當，出土文物與傳世文獻的呼應，成爲黄河治理維護祖國北部邊疆穩定的見證。

《史記》卷三十『平準書第八』載：『嚴助、朱買臣等招來東甌，事兩越，江淮之閒（間）蕭然煩費矣。唐蒙、司馬相如開路西南夷，鑿山通道千餘里，以廣巴蜀，巴蜀之民罷焉。彭吳（吴）賈滅朝鮮，置滄海之郡，則燕齊之閒（間）靡然發動。及王恢設謀馬邑，匈奴絶和親，侵擾北邊，兵連而不解，天下苦其勞，而干戈日滋。』[十一]清代《汾陽縣志》卷十三『藝文』收録曹學閔《開修黄蘆嶺車路紀德政碑記》，上載：『永寧州，界連西陲，北達邊外歸綏諸路，商賈遠貿粟麥，泛皮紹隨黄流南下，聚于州西磧口，一府之民仰利賴焉。而東至太原，南抵平陽，州縣凡二十餘，亦視汾爲橐鑰，蓋所繫非特一方生計矣。』[十二]民國時期，東北淪陷後，開發西北刻不容緩，而『黄河中游之水利，自應加以擴充及整理，藉（借）收桑榆之效，以挽狂瀾於（于）萬一』[十三]。

因黄河流域自然條件優越，歷朝歷代都十分重視對此地的開發，通過强有力的國家干預方式推動各類産業的發展，爲中國北部疆域的形成和社會穩定奠定了基礎。

二、民族交往、物資交流、技術轉移促成黄河治理共同體

《史記》卷十五『六國年表第三』載：秦始皇三十三年（前214），『築長城河上，蒙恬將三十萬』〔十四〕。這數十萬人中，擁有一技之長的人員不在少數。由此，邊地人口不斷增多，而豐富的物産則促進了商品交流與統一市場的形成。西漢《鹽鐵論・力耕第二》記録了『异物内流』的情形：『是以羸（騾）驢馲駞（駝），銜尾入塞，驒騱騵馬，盡爲我畜，鼲鼦狐貉，采旃文罽，充於（于）内府，而璧玉珊瑚瑠（琉）璃，咸爲國之寶。』〔十五〕此後，黄河北岸的『羸（騾）驢馲駞（駝）』『驒騱騵馬』『鼲鼦狐貉』『采旃文罽』與西南織錦、中原麻織、農作物等物資相互交流，逐步形成統一的國内大市場，加强了邊疆與其他地區的經濟聯繫，促進了邊疆特色産業的發展。

隨着民族交往交流交融的增强，清代以降，黄河流域内蒙古段輸入到内地的也不僅僅是『异寶』了。《綏遠通志稿・水路》載：『自乾隆以還。口外墾殖日廣。民殷物阜。出境之油、糧、鹽、鹼（碱）、甘草各貨。入境之日用雜貨。山西與歸綏往來之商運。凡經河路者皆以托屬河口爲唯一之碼頭。』〔十六〕從清乾隆年間到民國時期，由内蒙古經黄河運到山西的貨物有糧、油、鹽、碱、藥材、皮毛等，其中以糧油爲最大宗。糧食品種主要有糜黍、穀子、高粱、豆類及玉米、大小麥

等，油料主要是胡麻。内蒙古供貨支綫有從阿拉善盟阿拉善左旗吉蘭泰鹽池到山西吕梁市磧口鎮的運鹽駝路，五原縣、臨河區一帶各大幹渠的運糧水道，杭錦旗、達拉特旗的甘草馱運綫，鄂托克旗的運碱駝路。内蒙古段各條支綫以供貨爲主，山西段若干支綫以運銷爲主。

《臨縣志》載：『清朝乾隆至民國年間，陝、甘、綏、蒙等地的物資，通過此航綫運達磧口，再用牲口馱運到離石、吴城，轉運至東路（汾、平、介、孝等縣）。據民國 20 年（1931）統計，每年從綏遠磴口航至磧口的貨船不下 4000 餘艘』，『是陝、甘、綏、寧與晋西北物資集散之重鎮』。[十七]可見，内蒙古在甘肅、寧夏與陝西、山西等沿黄上下游物資交易中起到了重要的聯結作用；同時也吸引了山西、陝北、河北、山東、甘肅等地的農民遷移至此，并將開渠打壩、引水澆地等農業生産技術、手工技術和商業貿易經營方式帶到這裏。他們在此扎根，除了從事農業生産外，還挖甘草、下窑背炭、在黄河上拉船、在沙漠中拉駱駝、打短工放冬羊、開碾磨油坊，等等。不同地域、不同民族的人們合力修築河渠、引水興業，逐漸形成休戚與共的共同體。其間積纍的産品交易、商業管理、社會治理等方面的經驗，在今天依然有借鑒意義。

清代『首重治河，探河源以窮水患』[十八]，但更深層次的考量是『宣揚大一統及增强國家認同』[十九]。黄河流域人口基數大、分布廣，而全流域治理理念將不同地區、不同民族的人們凝聚成命運共同體，而『大一統』理念正是這一治理實踐的核心主題。

三、黄河流域拓展了中國的發展空間

早期統治者因巡幸及邊防建設所需，統籌管理沿黄河運與秦直道等沿黄馬道，維持着中央政府對北邊的有效治理。河套平原引黄渠道的建設爲秦漢王朝屯田事業提供了基本的水利保證，并將這些區域變成防禦北部邊患的大後方與根據地。于是，沿黄馬道、沿黄河運與萬里茶道、草原絲路等陸路運輸聯通起來，促進了中華文明與其他文明的交流互鑒，拓展了新的發展空間。

新中國成立之後，沿黄各族兒女在中國共産黨的領導下團結合作、艱苦奮鬥，實現了大河安瀾。黄河流域建立起行之有效的防洪抗汛機制，支撑着沿岸的産業發展，改善了周邊生態環境。當代治黄史證明，正是由于中國共産黨的正確領導以及集中力量辦大事的制度優勢，纔從根本上減輕了河患的威脅。進入新時代，黄河流域在築牢安瀾根基的同時，以蓬勃活力拓展着中國的發展空間。沿黄九省區在協同發展中不斷釋放潛力，讓黄河流域成爲國家區域協調發展戰略中不可或缺的重要一極，爲中國的發展源源不斷地注入新動能。

綜上所述，黄河流域的治理不是單純的河道治理、生態環境治理或社會治理，而是一種關涉水、沙、産、人四者關係的系統性、協同性治理，是推動國家可持續發展的動力，也是厘清國家治理與邊疆治理兩者動態交互實際效果的絶佳視角。而黄河工程等『中國本土理論資源、學術積纍』〔二十〕，有助于研究國家治理的演進歷程。進入新時代，黄河治理與國家治理的關係研究不斷開闢新視角、持續涌現新成果，其中鑄牢中華民族共同體意識、邊疆治理與黄河流域生態保護和高質量發展成爲非常重要的研究視角。因此，基于這一角度搜集整理黄河國家治理文獻，意義重大。《黄河國家治理文獻集成》，應運而生。

本叢書系統梳理了黄河治理的歷史脉絡與經驗，既爲新時代黄河流域生態保護和高質量發展提供了歷史鏡鑒，更以文獻爲載體，傳承了治理智慧、凝聚了民族力量，是服務國家發展戰略、鑄牢中華民族共同體意識的重要學術實踐。

《黄河國家治理文獻集成》編委會

二〇二五年一月

〔一〕韓建業：《中華文明的起源和形成》，載《中華民族共同體研究》2022年第4期，第80–91+172頁。

〔二〕中共中央馬克思恩格斯列寧斯大林著作編譯局：《馬克思恩格斯選集》第二卷，人民出版社，2014年，第240頁。

〔三〕嚴文明：《黄河流域文明的發祥與發展》，載《華夏考古》1997年第1期，第49–54+113頁。

〔四〕（漢）班固：《漢書》卷二十九『溝洫志第九』，中華書局，1964年，第1692頁。

〔五〕（漢）司馬遷：《史記》卷六『秦始皇本紀第六』，中華書局，1963年，第252頁。

〔六〕冀朝鼎：《中國歷史上的基本經濟區與水利事業的發展》，朱詩鰲譯，中國社會科學出版社，1981年，第7頁。

〔七〕（漢）司馬遷：《史記》卷二十八『封禪書第六』，中華書局，1963年，第1398–1399頁。

〔八〕（漢）司馬遷：《史記》卷三十『平準書第八』，中華書局，1963年，第1441頁。

〔九〕（漢）班固：《漢書》卷二十九『溝洫志第九』，中華書局，1964年，第1686頁。

〔十〕（漢）司馬遷：《史記》卷二十四『樂書第二』，中華書局，1963年，第1178頁。

〔十一〕（漢）司馬遷：《史記》卷三十『平準書第八』，中華書局，1963年，第1420–1421頁。

〔十二〕（清）方家駒修，（清）王文員纂：《汾陽縣志》卷十三『藝文』，清光緒十年刻本，第57–58頁。

〔十三〕王華棠、劉錫彤、吳樹德：《黃河中游調查報告》，華北水利委員會編印，1934年，第1頁。

〔十四〕（漢）司馬遷：《史記》卷十五『六國年表第三』，中華書局，1963年，第758頁。

〔十五〕王利器：《鹽鐵論校注》，中華書局，1992年，第28頁。

〔十六〕綏遠通志館：《綏遠通志稿》第十册，內蒙古人民出版社，2007年，第176頁。

〔十七〕臨縣志編纂委員會：《臨縣志》，海潮出版社，1994年，第273、321頁。

〔十八〕趙爾巽等：《清史稿》卷一二六『河渠一』，中華書局，1977年，第3715頁。

〔十九〕劉惠：《乾隆朝重構黃河河源的實踐與國家認同》，載《清華大學學報》（哲學社會科學版）2018年2期，第147–154+195頁。

〔二十〕許耀桐：《當代中國『治理』概念的演進探析》，載《國家現代化建設研究》2023年3期，第100–111頁。

出版前言

黄河，中華民族的母親河，她不僅孕育了中華文明，更見證了中華民族數千年的發展歷程。習近平總書記深刻指出：『從某種意義上講，中華民族治理黄河的歷史也是一部治國史。』這一重要論述，爲新時代黄河文化的保護傳承以及流域治理提供了根本遵循，也深刻揭示了黄河治理在國家發展和民族復興進程中的核心地位。在學習貫徹習近平新時代中國特色社會主義思想，積極響應國家黄河流域生態保護和高質量發展重大戰略，大力推進北疆文化建設的背景下，《黄河國家治理文獻集成》的編纂出版，具有重要的歷史意義、學術價值與現實指導意義。

黄河治理，自古以來就是國家的頭等大事。從遠古時期大禹治水，到當代運用科學技術進行系統治理，中華民族在數千年的時間裏，積纍了豐富的治河經驗，留下了浩如烟海的文獻遺産。《黄河國家治理文獻集成》收録了元代至民國時期古籍、朱批奏摺、期刊圖片等多模態文獻資源。這些文獻内容豐富、維度多元，既包含記載河工技術、治理方略等的專書，又有漢文朱批奏摺、工程檔案以及不同區域的調查研究報告等。民國時期的文獻則標志着現代水利科學開始融入黄河治理，展現了我國水利事業在時代變革中的創新與發展。近代照片的收録則以更加直觀的方式將黄河治理、黄河沿岸的風貌呈現給讀者。

該文獻的出版，不僅是對瀕危黄河文化遺産的及時搶救與保護，更是對我國水利史、國家治理史、邊疆治理研究學術鏈條的重要補充，具有較高的文獻價值和學術意義。尤爲重要的是，這一集成工作，深度契合鑄牢中華民族共同體意識這一全黨全國各族人民的共同任務。各民族在治理黄河的歷史進程中，緊密協作、共同探索，這些珍貴文獻便是各民族交往交流交融和中華文明認同的生動見證。對這些文獻進行整理出版，能够讓各族人民更加深刻地認識到，在歷史長河中，各民族共同爲黄河治理貢獻了力量，共同守護了家園，從而進一步增强對中華民族共同體的認同感與歸屬感，夯實鑄牢中華民族共同體意識的歷史根基。

《黄河國家治理文獻集成》以『國家治理』爲核心綫索，構建起一個全面、系統、多維的文獻體系：在時間跨度上，聚焦從元代至民國這一傳統治河向現代水利轉型的歷史時期，爲深入研究我國水利事業的發展脉絡提供了清晰的時間坐標；在内容分類上，細緻劃分爲技術專著、工程檔案、區域研究、朱批奏摺、科學報告、圖片等類别，涵蓋黄河治理的各個方面，從不同角度展現了我國在黄河治理上的探索與實踐；在版本選擇上，秉持嚴謹、科學的態度，確保文獻内容的準確性與代表性，爲學術研究奠定堅實基礎。

在編纂過程中，叢書特别注重『全流域治理』的理念，不僅收録了有關下游防洪治河的重要文獻，還涵蓋了中游地區水土保持以及上游地區灌溉開發等方面的珍貴記載。這種對黄河全流域治理的全方位關注，與當前『共同抓好大保護，協同推進大治理』的要求高度契合，充分體現了叢書在傳承歷史文化遺産的同時，緊密服務于當代國家發展戰略的時代價值。

在出版過程中，嚴格保持原書的版式與行款，最大程度地還原文獻原貌。對于部分出現黴變、殘缺的頁面，運用先進的數字化修復技術進行精心處理，在保留原始批注與印章痕迹的基礎上，兼顧了文物的真實性與文獻的可讀性。

此外，爲了更好地服務讀者，方便學術研究，本叢書新增了目録、提要等内容，這些新增部分由編委會精心撰寫。新增目録一般編製二級，個别圖書編製三級；原書有目録而内文無對應標題的，根據原書目録照録；原書目録爲關鍵詞或者其他情况的不編製目録；原書目録與内文不一致的，以原書内文爲準；原書無目録的，按卷端、版心或其他部分輯録；一册書中收録多種圖書的，以書名爲一級標題，編製二或三級。在文字使用上，統一使用現代漢語規範繁體字，對于原版文獻中的异體字、避諱字也使用現代規範繁體字，無對應規範繁體字的保留原字。

《黄河國家治理文獻集成》的出版，是對黄河文化遺産的一次系統性、搶救性保護，具有重大而深遠的現實意義：從學術價值層面來看，叢書成功構建起一座連接傳統與現代治黄文獻的橋梁，爲黄河流域生態保護、水利工程史、國家治理史、邊疆治理、中華民族共同體學等多個領域的學術研究提供了豐富、翔實的基礎文獻，有力推動了相關學科的發展與創新；從文化價值角度而言，生動展現了北疆文化與黃河文化在歷史長河中的交融共生，爲内蒙古『北疆文化』品牌建設提供了堅實的文獻支撑，進一步豐富了中華文化的内涵與外延；從實踐價值方面考量，書中所藴含的治河理念爲我們在新時代背景下實現人與自然和諧共生、推動黃河流域可持續發展提供了寶貴的歷史經驗與智慧啓示。

在此，我們要衷心感謝各藏書機構的大力支持，正是他們提供了珍貴底本資源，纔使得本叢書的編纂出版成爲可能。同時，我們也要向文化遺産智能應用服務中華民族共同體建設『英才興蒙』團隊致以崇高的敬意，他們歷經五年的辛勤耕耘，以嚴謹的治學態度和專業的學術素養，對文獻進行了系統的整理和輯録，爲叢書的内容質量提供了堅實保障。此外，我們還要特别感謝内蒙古自治區黨委宣傳部、内蒙古出版集團將本叢書納入『北疆文庫』重點項目，并在出版過程中給予全方位支持與幫助。

我們衷心期待，這套凝聚着無數心血與智慧的《黃河國家治理文獻集成》，能够在新時代的『黃河大合唱』中奏響歷史的强音，爲黃河流域生態保護和高質量發展注入强大的歷史動力，讓黃河文化在保護中傳承，在傳承中創新，在創新中不斷發展，綻放出更加絢爛的光彩。同時，希望這套叢書能够成爲促進各民族文化交流、鑄牢中華民族共同體意識的重要載體，助力各民族更加緊密地團結在一起，共同爲實現中華民族偉大復興的中國夢而努力奮鬥，讓中華民族共同體意識在黄河文化的滋養下，扎根于每一位中華兒女的心中，成爲推動中華民族不斷前進的强大精神力量。

提　要

山東黄河沿岸虹吸淤田工程計劃

《山東黄河沿岸虹吸淤田工程計劃》由山東建設廳主持編制，一九三三年二月（民國二十二年）出版。

本書詳細闡述了山東省擬利用虹吸技術引黄河水對山東省黄河沿岸進行淤田改造的計劃，通過虹吸管引水灌田，實現常年自流灌溉。計劃指出由于山東境内的黄河爲地上河，因而利用虹吸管引水灌田，可實現常年自流灌溉。這項工程可將黄河兩岸沙碱地全部變爲良田，還可以利用虹吸技術吸走淤田餘水，並將其補充到其他河流中。按照計劃，一九三四年秋，歷城王家梨行、齊河紅廟、青城馬扎子、蒲臺王旺莊四處虹吸淤田工程相繼建成并試放水，效果良好，但抗日戰争爆發後，黄河决花園口，山東黄河斷流，虹吸工程被迫廢弃。該計劃是山東地區首次大規模利用虹吸技術進行引黄淤灌的嘗試，對改善當地土地鹽碱化問題具有重要意義。儘管因戰争等原因未能持續實施，但爲後續的引黄灌溉工程提供了寶貴經驗。

《黃河中游調查報告》，王華棠、劉錫彤、吴樹德著，一九三四年（民國二十三年）刊行。

王華棠（一九〇三 — 一九九一），男，河北省趙縣人，中共黨員。一九二六年七月畢業于唐山交通大學土木系，隨後赴美國深造，一九二七年獲得美國康奈爾大學研究院土木工程碩士學位。一九二八年回國後，先後在趙縣中學、南京自來水工程處、遼寧省建設廳、唐山交通大學（現西南交通大學）從事教學和技術工作。一九三一年八月，加入華北水利委員會，直至一九四九年一月天津解放。在此期間，他擔任過工程師、處長、測繪組主任、華北水利工程總局局長等職。早年間參與了永定河的規劃和治理，以及北運河屈家店塌河淀放淤工程。一九四九年天津解放後，王華棠擔任華北水利工程局顧問；一九五〇年五月，他擔任天津市人民政府水利處處長，負責城市防洪、河道治理和郊區農田水利工作；一九五二年水利機構調整後，他先後擔任市政工程局副局長、建設局副局長、副總工程師；一九五八年，他參與了海河治理工程；一九六三年天津特大洪水期間，他擔任市防汛指揮部工務處副處長，協助籌劃抗洪決策。從二十世紀五十年代初期開始，王華棠曾擔任多項社會職務，包括天津市第一、二屆人大代表，第九、十屆人大常委，天津市第一至四屆政協委員，第五屆政協常委等。他在天津市民盟第二至第八屆委員會中，歷任後補委員、常委、副主委、顧問。一九七八年黨的十一届三中全會後，他連續兩届擔任天津市水利學會名譽理事長，一九八五年又榮任中國水利學會名譽理事。撰寫文章包括《華北水利三十年》《黄河中游調查報告》《美國灌溉渠之用水量》等。

《黄河中游調查報告》是王華棠等三人在任華北水利委員會期間對黄河中上游進行實地調查後完成的報告，簡要講述了對寧夏至綏遠托克托縣之河口鎮段的河道、灌溉、航运、地质等方面的情況，并對綏遠地区的發展提出了建議。

目録

民國二十二年九月

山東黄河沿岸虹吸淤田工程計劃

山東建設廳編印

序

本年七月間，中委張溥泉先生過濟談話，以黃河在魯境內，不費天然水塔，引之灌田，其利甚溥。乃未及兼旬，長垣蘭封南北河隄繼續決口。黃水橫流，災及魯西十數縣，釀成空前浩劫、是未受其利而先罹其害，可慨也已！現雖由中央召集防汛會議，組織黃河水災救濟會，如施放急賑，堵塞決口，增修堤防、種種措施，無一非爲救災防患之計。而於此滔滔濁流可以興利一層，尚未聞之，夫水可載舟，亦可覆舟，未有鑒於覆舟之禍即不謀載舟之利者。然則興辦黃河水利，雖在此浩劫之餘，要亦不容忽視矣。烈於十九年秋，備位山東省政府委員兼建設廳長。當時即有引黃灌淤之計劃。主其事者爲技正曹瑞芝。翌年復派李象震滑建山分赴黃河沿岸各縣詳爲查勘，歷十五縣計沙城地共一萬七千餘頃，類皆不毛之地，大部濱臨小清河及已疏濬之徒駭河，水流低下，爲天然之洩水道。爰就查勘結果，製就圖表說明，并規定分期計劃。第一期利用虹吸管改良沙城地。第二期利用虹吸管灌溉低田。第三期安設吸水機灌溉高地。統計山東境內黃河兩岸二十里內亟須改良之田十四萬六千七百餘頃。除去四萬六千七百頃因地勢上或不能施行灌溉外，尚有十萬頃。若按照計劃實現，每年水利收入可達一萬萬元。且其所需水量，每秒鐘約五百七十立方公尺。以民國八年至十年平均最大洪水量計之，約可減少流量十分之一。黃河水患亦得藉以減輕。惟以困於經費，未即實行。本年秋決定先於歷城章邱之王家梨行，青城齊東交界之馬崗子，各設二十一吋之虹吸管一處，齊河之紅廟，濟縣之尉家口，各設十八吋虹吸管一處。蒲台之王旺莊，設十四吋虹吸管一處。工程主辦者水利技正曹瑞芝。其輔助計算設計者，機械工程師褚文林，土木工程師孫祖周，潘廷山，李象震等，現雖黃水漲溢，隄岸告急，而購料施工，仍在積極進行，不二三月即可竣事。成效如何，屆時自見。然此不過本計劃初步中一部之實現而已。若欲全部實行，非籌得大宗款項，無由着手。因就本計劃之初步工程整理就緒，呈請內政部轉呈行政院准予撥給棉麥借款，俾得早日興工。計全部淤田工程費四百餘萬元。俟有成效，將來籌款似亦不難。茲特將淤田計劃及圖表，刊印成册，爰爲之序，尚希閱者

【4】

予以指正焉

中華民國二十二年九月　　張鴻烈識

總目錄

山東黃河沿岸虹吸淤田工程計劃

(一) 目錄　頁數

(二) 表目錄　頁數

附一　山東黃河沿岸虹吸淤田工程初步計劃調查表

（一）表目錄

(3)

（二）圖目錄

附二

第二十一圖　二十一吋虹吸管設計圖

第二十二圖　十八吋虹吸管設計圖

第二十三圖　十四吋虹吸管設計圖

附三

二十一吋虹吸管説明書

山東黃河沿岸虹吸淤田工程計劃

一、緒言

民國二十一年的秋天，本廳曾派李技士象賢、滑技士廷山查勘山東黃河沿岸沙城地，報告情形，編有初步計劃調查表，附於末後，以便查閱，謹將計劃內容，分項說明於下：

二、淤田工程概要

黃河流到河南鄭州以下，因為地勢平坦，河槽變寬，坡度亦變小，河水流速自然大部分減少，所有從上游帶來的泥沙，就會不時的到處淤澱。兩邊的大堤，又因為防止漫溢潰決的緣故，一年一年的加高培厚，久而久之，就成了現在豫魯兩省地面以上的河道了。就以山東境內來說，洪水時期，黃河水位高於堤外低地在四公尺以上。最大流量約每秒鐘八〇〇〇立方公尺。這樣大的河流，居高臨下，誠然可畏，堤防稍有不慎，就免不了決口為患了。

黃河一經決口，便順着地勢四下漫溢，淹沒田舍，到處為災，最終尋到天然河道或天然水溝，纔可順流入海。田地經洪水一過，固然有許多地方淤成好地，人民當然得到豐收的利益；然而離決口不遠正流經過的地方，泥水流去，純沙沈澱，就把先時肥美之地變成一片沙灘了。起初面積還不甚大，後因風吹沙起到處散布，年復一年，竟有如歷城齊家莊一帶把沙地面積擴大到六百四十方里。這是何等的可惜呢！同一沙地，因為沙的成分多寡不同，就有輕沙重沙和飛沙的分別。輕沙地每年還可種植紅豆花生一類的農產，每畝價洋約二十元。重沙地間或能耕種

二

，但收獲是絕對靠不住的，每畝價洋約十元。飛沙地任何農作物亦不能生長，每畝僅值洋數元。不能生長的沙地，農民往往挖掘地壕，把沙層下面的好土翻到地面上，去耕種他。沙層薄的，費工還小，若是沙層在一公尺半以上，不但是費工過大，且有沙崩埋人的危險。普通翻地工費每畝(六百方步)，攤洋二十至一百元不等。

黃河水面不但是洪水時期高於堤外高地，就是冬日低水位也比堤外低地爲高。所以沿大堤一帶的低地或決口後沖成的溜道，因爲滲透的緣故，地面上常常的潮濕。再較低的地方就免不了終年存水了。潮濕之地，經過長期的蒸發，土質就變成鹹性。地下水面距地皮遠近頗不一致，因而含鹹成分也有輕重之分。鹹輕的田地，產生豆麥之類，每年每畝收益四五元。鹹重的田地，每畝僅收二三元。至於卑濕地方，僅可產生蘆葦，收益極少。那常年存水連蘆葦也不生長的就完全無用了。鹹地面積亦不算小，如東阿，陳集鹹地，足有四百方里。人民對於鹹地有兩種辦法。

(一)翻鹹方法——就是耕種的時候翻深五六寸，把地面上的鹹翻在下面，地面下較好的土翻在上面，下土種籽就可生長莊稼。翻在下面的鹹，經過很長的時期幾可升到地面上。及至升到地上，莊稼已經收割了。

(二)刮鹹方法——就是把地面上的鹹刮去一層，堆到田地的周圍或其他方便地方。再在新土上下種，也可以得到較好的收獲。

這兩種辦法，雖然到城比翻城較爲好點，但是地下水面降不下去，鹻質仍是不斷的發生，究竟不是根本辦法。現在計畫在大堤上裝設虹吸管子，把黃河泥水導入引水池，再經過渠道，就可淤到沙地或鹻地裏去。又於淤水區域之內挑挖排水溝，所有地上或地下無用的水都可由排水溝洩去。這樣，沙地鹻地都可得到相當的收獲。不幾年的功夫就可變成沃腴之地了。

三、山東黃河流域水文情形

水文爲工程設計的根據，不可不詳加研究。所得到的水文資料爲華北水利委員會濼口水文紀錄，濟南測候所濟南氣候紀錄，及齊河縣建設局黃河泥沙及水溫測驗結果。淤田工程最關重要的就是黃河水位。茲依濼口水位曲線圖將全年水位分成四個：(一)平均低水位、(二)平均中常水位、(三)平均洪水位、(四)平均中常高水位。就以規定的水位爲標準，將各項水文情形造列一表如下：

第一表　水位，流量，泥沙量，雨量，蒸發及河水溫度

項別／水位別	大沽基點高度以公尺計	時期	日數	黃河平均流量以秒立方公尺計	黃河平均泥沙量容積百分數	雨量以公厘計	蒸發量以公厘計	每日蒸發量以公厘計	河水華氏表溫度
平均低水位	24.38	自十二月十一日起至一月二十五日止	42	330	0.23	33.2	110.5	2.4	41
平均中常水位	25.03	自一月二十六日起至七月十五日止	171	1000	0.47	239.0	1510.0	8.8	57

平均洪水位	26.83	自七月十六日起至九月三十日止	77	3500	1.76	424.0	508.0	6.6	73
平均中常水位	25.43	自十月一日起至十二月十日止	71	1700	0.62	56.8	32.00	4.5	48

四

上表各項平均水位，係根據華北水利委員會民國八年至十八年記載規定。十年八月最高水位爲高於大沽基點二九、三八公尺。山東河務局水尺居上游約二里，以青島海平爲標準，同時該局記錄爲三一、四六公尺。洪水流量每秒鐘八〇〇〇立方公尺亦爲歷年最大之數。八年五月二三、六一公尺爲最低水位。流量亦最小，每秒鐘二〇〇立方公尺。雨量及蒸發量對於淤灌時期，水量，深度，次數等均甚密切。表中所列的數量，爲十八十九二年的平均數。河水溫度關係於虹吸管的能否出水，尤爲重要。因溫度增高，水汽壓力亦隨之加大。如管內水汽膨力，大於管的渦曲最高處水的壓力，就不會出水了。

淤田工程上最應當研究的就是黃河泥沙量。表中所列平均容積百分數，係自華北水利委員會民國八年至十年三年重量百分數算出。而最大的泥沙量爲十八年九月所記重量百分之六，八，合容量百分四，七六。又據齊河縣建設局在紅廟及縣城南增測驗黃河泥沙報告，以紅廟二十年七月水面測驗之數容積百分之三，〇八爲最大。茲將該兩處二十年及二十一年測驗結果，取平均數列表於下：

第二表　齊河縣黃河泥沙量

杜　　閘

水面下尺度 \ 月別	三	四	五	六	七	八	九	十	十一	十二
0.0	0.36	0.37	0.38	0.36	2.36	1.63	1.36	1.09	1.01	1.05
1.5	0.49	0.33	0.41	0.35	1.77	1.68	1.09	0.99	0.92	1.01
3.0	0.47	0.29	0.38	0.37	1.74	1.70	1.09	0.99	1.00	1.06
4.5	0.49	0.37	0.40	0.38	1.55	1.70	1.09	0.99	0.96	1.03
6.0	0.40	0.36	0.39	0.35	1.68	1.70	1.14	1.07	1.01	1.03

縣　城　南　壇

水面下尺度 \ 月別	三	四	五	六	七	八	九	十	十一	十二
0.0	0.43	0.33	0.39	0.33	1.46	1.65	0.87	0.91	0.92	0.96
1.5	0.42	0.38	0.41	0.36	1.65	1.61	1.02	1.04	1.03	1.01
3.0	0.43	0.31	0.40	0.37	1.88	1.68	1.00	0.99	0.93	1.01

注

六

4.5	0.42	0.34	0.39	0.36	1.68	1.66	1.07	1.04	0.96	0.98
6.0	0.41	0.32	0.41	0.35	1.76	1.71	1.10	0.96	0.99	1.04

查濟河測取泥沙地點，都在兩石堤中間有迴流之處。而且水的深度至少都在九尺以上。表中所列之數，有時水面泥沙多於水面下三尺處，有時水面下三尺處泥沙多於水面，沒有一定的標準。泥沙最大時期爲七八九三個月。水面下六尺處的泥沙，多大於其他任何地點。

風的速度和方向，關係於沙地渠道的設計和開挖極爲密切，有詳細研究之必要。查濟南風速，以民國十七年至二十二年六年的記錄。每年之中以四月平均風速每秒鐘四公尺爲最大。從一月起逐漸加大，六月起逐漸減少。平均最大風速每秒鐘一四，三公尺亦在四月。詳細情形，列於下表：

第二表　濟南風速

月別 / 日別	一	二	三	四	五	六	七	八	九	十	十一	十二
均平風速（以秒公尺計）	2.2	2.8	3.6	4.0	3.6	2.9	2.4	6.4	1.9	1.9	2.4	2.1
平均最大風速（以秒公尺計）	10.8	10.8	12.0	14.3	13.0	10.8	10.7	8.3	8.3	8.7	8.7	8.5

在此五年之中特別最大的風速爲二十二年四月南南西風，每秒鐘二三、九公尺。濟南附近因爲南面千佛山的緣故，所有風的方向多半西南向東北或東北向西南。其他各處風的方向，恐怕不能和濟南一樣。不過風力的大小、總可知道了大概。

四、虹吸管

普通一般人對於虹吸管，恐怕還有點懷疑，不妨在這裏略說幾句。虹吸原理極其簡單，就是把管子一端插入水位高的水內，一端放於水位低的水內或較低的地上，用抽空或灌水的方法，使管內大部分成爲眞空。這時候大氣壓力就會把水逼入管內，流於池內或地面。在黃河堤上用虹吸管引水，最爲相宜；其利有四：

(一)虹吸管可在大堤上安設，與閘門或涵洞不同。不用開堤就可引水。人民不會懷疑，起來反對的。

(二)虹吸管引水的一端，可用活接使管子上下移動。這樣，所取的水爲近水面的泥水，不是純粹帶着沙子，不會把田地變成沙灘的。

(三)虹吸管構造簡單，價值低廉，而且不用動力就可引水，當然沒有燃料的損耗。

虹吸管內徑的規定，以製造經濟爲原則。茲擬設計十四，十八，二十一，二十六，三十，及三十八吋的六種。不足十四吋的虹吸管。水量有限，除作試驗以外，似乎不值得安設。三十

八

八吋以上的，安裝及運用都比較困難。使用長久也容易發生毛病。若遇三十八吋虹吸管水量仍不足用時，可酌設兩組或兩組以上，似較妥善。

虹吸管的水頭，就是黃河水面和堤外引水池水面的差度。水位高水頭就大，水位低水頭就小。茲以歷城王家梨行一帶地勢來作標準。該處溜道附近，地勢較低。灌水〇，三〇五公尺（一呎）平均洪水位水頭爲二，八三公尺（九，三〇呎），平均高水位一，四九公尺（四，九〇呎），平均中常水位一，〇九公尺（三，五七呎），平均低水位〇，三九公尺（一，二八呎）。

虹吸管的流量，用印度公式（看印度灌溉工程第二百四十七頁）計算：

1. $V = 8.025\sqrt{\dfrac{h\,d}{(1+f_0)\,d+4fl}}$

V＝流速以秒呎計

h＝水頭以呎計

d＝水管直徑以呎計

f_0＝0.5

f＝阻力因數，用0.00332

l＝水管長度以呎計

第四表　各種量吸管水頭，流速，流量，及灌田畝數

管徑吋數	水位	水頭 公尺	水頭 英呎	流速 秒公尺	流速 秒呎	流量 秒立方公尺	流量 秒立方呎	假定每畝浸水深六吋每日（24小時）灌田畝數	各水位時期日數	各水位時期浸水一次灌田畝數	全年浸水一次灌田畝數	全年浸水六次灌田畝數	備考
38	平均洪水位	2.34	9.30	4.95	16.20	3.60	126.50	1,652	77	127,220			
	平均中常高水位	1.49	4.90	3.60	11.80	2.60	92.00	1,190	71	84,500			
	平均中常水位	1.09	3.57	3.05	10.00	2.20	78.00	1,020	171	174,400			
	平均低水位	0.39	1.28	1.85	6.00	1.32	46.80	610	46	28,000	414,100	69,016	
30	平均洪水位	2.84	9.30	4.72	15.50	2.08	73.50	961	77	74,000			
	平均中常高水位	1.49	4.90	3.42	11.20	1.56	55.00	720	71	51,000			
	平均中常水位	1.09	3.57	2.94	9.65	1.33	47.20	615	171	105,000			
	平均低水位	0.39	1.28	1.76	5.76	0.80	28.20	366	46	16,600	246,600	41,100	
26	平均洪水位	2.84	9.30	4.57	15.00	1.56	55.00	720	77	55,500			
	平均中常高水位	1.49	4.90	3.32	10.90	1.16	40.00	525	71	37,300			
	平均中常水位	1.09	3.57	2.80	9.20	0.95	33.60	440	171	75,200			
	平均低水位	0.39	1.28	1.70	5.60	0.58	20.40	314	46	14,400	182,400	30,400	
21	平均洪水位	2.84	9.30	4.40	14.40	0.98	34.60	455	77	35,000			
	平均中常高水位	1.49	4.90	3.17	10.40	0.71	25.00	336	71	23,800			
	平均中常水位	1.09	3.57	2.70	8.90	0.57	21.40	280	171	48,000			
	平均低水位	0.39	1.28	1.61	5.30	0.36	12.70	166	46	7,600	114,400	19,066	
18	平均洪水位	2.84	9.30	4.20	13.80	0.69	24.30	316	77	24,300			
	平均中常高水位	1.49	4.90	3.05	10.00	0.50	17.60	230	71	16,300			
	平均中常水位	1.09	3.57	2.65	8.70	0.43	15.30	200	171	34,200			
	平均低水位	0.39	1.28	1.57	5.15	0.25	9.05	118	46	5,400	80,200	13,366	
14	平均洪水位	2.84	9.30	3.94	12.90	0.38	13.60	177	77	13,600			
	平均中常高水位	1.49	4.90	2.84	9.30	0.28	9.80	128	71	9,100			
	平均中常水位	1.09	3.57	2.44	8.00	0.24	8.40	110	171	18,800			
	平均低水位	0.39	1.28	1.46	4.80	0.14	5.05	60	46	3,000	44,500	7,416	

2. Q＝A X V

Q＝虹吸管流量以秒立方呎計

A＝虹吸管橫斷面以平方呎計

茲假定管長爲五、一公尺（一七〇呎），灌水深一公寸半（六吋），蒸發及滲透損失作爲百分之五十，用前邊規定各虹吸管的尺度及水頭算出灌田畝數，列入第四表。

虹吸管的價值，隨尺度而異。假設管長一百八十呎，按前邊規定管徑，約略估計如第五表：

第五表　虹吸管之價值

管徑以吋計	每付價值以元計
38	16,000,00
30	12,000,00
26	10,000,00
21	6,000,00
18	4,000,00
14	3,000,00

本廳已經設計完畢的有二二，一八，一四吋虹吸管三種，附於末後，俾作參考。

選擇虹吸地點，應注意下列數項：

(一)接近沙城地以不開引河為原則。

(二)直接吸水於不易改槽的河流。

(三)基礎要堅固，最好在石堦上。

(四)免避正衝大流的地方。

(五)免避容易淤墊的地方。

虹吸地點既經勘定，就在該地點測量大堤橫斷面。在這斷面圖上就可把管子的長度規定了

虹吸管的設計，可分兩種：(一)抽水式，(二)灌水式：

抽水式虹吸管，上下兩端都敞着口插入水內，用噴射器(Ejector)或真空唧筒(Vacuum pump)抽出管內的空氣。兩端的水都受着大氣壓力升入管內。若上端管內的水面超過灣曲最高處管底水平線，水便開始溢流到下端管子裏，一部分水就從管子下端出來。此時管內的空氣愈少，流出的水量愈大。及至空氣抽淨，水流滿量的流出了就。

灌水式虹吸管，上下兩端都裝置水門。先將兩端的水門閉住，向管子最高處漏斗裏灌水。灌滿之後，關住漏斗通管的舌門，同時開管子兩端的水門，水就自然會本着虹吸作用從高處流到低處去。

這兩種設計，抽水式虹吸管較為簡單，因為兩端不設水門，僅附着喇叭管口，省掉許多機

械的裝置。但抽水設備是不可少的。如買空唧筒帶着柴油引擎，或噴射器帶着蒸汽鍋爐（Steam boilor），或氣壓機（Air compressor），都是很値錢的。又引水池內也須有蓄水設備。不但常常使水淹沒着下端管口，而且須有足量的水供給抽水到管子裏。灌水式虹吸管，兩端管口須裝置水門。但灌水時所用的水泵（pump）製造簡單，價値極廉。且引水池內也不必設備蓄水。這兩種設計，以設備上說，彼此互有長短，然以水頭損失言之，灌水式就遠不如抽水式了。所以工程規模小的，灌水式虹吸管尚可使用。工程規模大的，總以用抽水式虹吸管爲合宜。

茲爲說明虹吸管的機械部分，就把灌水式虹吸管（參看第二十一圖），分爲六項，說明如下：

（一）、進水門——虹吸管吸水的末端，須裝置進水門。本廳設計擬取下列三種樣式：

甲、喇叭口（Draft tube）式

乙、截水門（Gate valve）式

丙、蓮蓬頭（Foot valve）式

喇叭口式進水門喇叭口向下，用活動木蓋開閉管口。開門吸水時，河水從周圍水不進管口，河底沙子不易吸入。

截水門式進水門，就是普通水管上用的截水門，不過管頭上附一喇叭口罷了。管口宜向前安放，使門開時河水可水不進入喇叭管口。這樣也不容易吸入河底沙子。

蓮蓬頭式進水門，就是普通離心吸水機的蓮蓬頭。因爲門係自動的開閉，所以日門非向下安放不可。入水過深，最容易把河底沙子吸入管内。但其構造簡單，在河深的地方也可使用。

（二）吸水管——就是插入河水吸水的那一部分管子。上端有活軸，裝置於支架座上。下端用鋼絲繩連於起重機，能上下移動。黄河内六尺深以下的水含泥沙較多。吸水管能隨著水位升降吸取泥沙較少的水。

（三）活接——吸水管上端緊接的就是活接。普通用的有兩種：

甲、球形活接（Globe joint）

乙、柔輭活接（Flexible joint）

球形活接多半用生鐵鑄的。三十吋以上的非有特別大的車床不容易鏇好。且周圍盤根（Packing）使用日久易於透氣。

柔輭活接有兩種。一種是用鋼絲箍與純橡皮做的。一種是用帆布橡膠和鋼絲箍做的。無論尺度大小，都不難製造。

（四）送水管——就是吸上來的水，接著送水到水池的一部分管子。這部分管子在大堤高處裝置，不可水平安放。因振河南花園口試驗結果，水平安放，不易上水。

就是說水在管子裏經過最高灣處以後應當漸漸的順坡下去，纔可不至受空氣的影響。

（五）出水門——送水管的末端設有出水門。不必特別設計，用普通截水門，另附一喇叭管口就行了。

（六）空氣室——虹吸管灣曲最高處須設空氣室。其用途有二。（一）開虹吸管時閉住進出水門，將抽水機帆布管子插入空氣室的漏斗內灌水，灌滿之後，閉住活門，再開進出水門，水就自然流出。（二）水在管內流行常常帶來一部分空氣。若不把空氣引到空氣室排去，漸漸的就會停止水流。

虹吸管的土木部分就是基礎管槽和涵洞。分別說明於下：

（一）虹吸管基礎——基礎最要緊的地方就是支架座。吸水管帶水的全重，都得支架座承荷。以二十一吋管子說承荷的重量就有。六千二百五十磅。所以支架座洋灰基礎之下，應再打木樁承受重量。不可靠着大堤的石塌。因為石塌下的石塊若再加壓力，保不住發生變動。起重機的基礎也須同樣的建立。至於送水管的基礎每節管子法蘭(Flanpe)之下安於洋灰座上就穩固了。

（二）管槽及涵洞——虹吸管經過大堤上，可用磚砌管槽保護。汽車大車經過的地方須建設涵洞。

以上所述虹吸管的機械和土木部分，不過略敘其大概。所有各部詳細設計，另有專門報告，不再贅述。

五　淤田方法

黃河的水被虹吸管引到堤外引水池後，自然是經過幹渠支渠纔能灌到田地裏去，但是用黃河的水把沙地城地淤成肥美的農田，纔算得最經濟的辦法，不可不仔細研究一下。按普通淤田，是把田地分成若干正方或長方的畦子，周圍築上土堰，高一、三公尺，用含着泥沙的水灌到畦內，深約一公尺，俟泥沙沈澱以後，再把澄清的水導入排水溝洩去就是了。依洪水時黃河含泥量百分之一、六（以容量言）計算，每年灌淤兩次，有三四年可淤泥一公寸七八，就變成良田了。但是在現在的虹吸工程上，除少數窪沙地方應用大的水量浸淤以外，其餘普通沙城地，還是用普通灌田的方法灌淤，似乎較爲經濟。其原因有三：

（一）虹吸管內徑有限，流量不能很大，若灌水一公尺以上，就把虹吸管的水頭減低，因之流量減少。

（二）普通沙地祇要地內不缺乏水分，沙子就不會因風吹起，所種的莊稼自然沒有埋苗和露根的傷害。這樣就可得到相當的收獲。

（三）據地方人民經驗，城地上若落雨四寸以上就可把城質降到莊稼根梢以下。若屢次落雨，那城質不會爲害於莊稼的。

就拿二十一吋虹吸管來比方的說。每次灌水一公寸半，全年灌水兩次可灌田六萬八千畝。若是灌淤兩次每次灌水三呎，僅可淤田一萬一千三百畝。雖然灌水愈深淤成良田的時期愈短。但受益面積相差在六倍以上，可就太不經濟了。何況每年加灌泥水數次。年復一年，都可慢慢的淤成良田呢。

沙地城地雖然是同樣的灌水，但沙地灌水以維持地內水分爲目的，城地灌水以壓下城質爲原則。至於灌水時期，於未淤成良田以前，却不論甚麼合時不時，祇要黃河水位能把河水引到田地裏，就可用水灌淤。既經灌淤的田地，總然本年不能耕種，留到明年再種亦未嘗不可。因爲灌區愈擴大，淤田愈經濟，是定而不可易的道理。

在山東黃河沿岸，從來沒有利用河水施行過灌溉。所以灌田的方法，也有詳細述明的必要。在淤田工程裏除虹吸管以外，尚有引水池，量水門，渠道，閘壩，平田，水門和排水溝。分別述明如下。

(一)引水池及量水門——虹吸管出口的水，速度甚大。二，八三公尺(九，三呎)的水頭，在三十八吋虹吸管出口，有每秒鐘四，九四公尺(一六，二呎)的流速。有這樣大的流速，不用說是沙土，就是堅硬的陶土也要沖成深坑。所以須設引水池，把水的速度逐漸的和緩的，減少到渠道裏水的速度，方爲合法。引水池的出口要够大，務使水在池量坡度流出去。因爲口門窄小，出水不利，池內的水位勢必抬高。子裏順着渠道的水這樣不惟增加渠水速度，沖刷渠身，而且縮小水頭減少水量。

引水池內和虹吸管吸水處須各安設水尺以便隨時記錄水頭。渠道口上流速均勻的地方，應當建一量水門，用以記錄虹吸管的出水量。

(二)渠道——有了淤田區域的面積，就可用前邊虹吸管灌田畝數表規定虹吸管的尺度和組數。然後用最高水頭算出最大的流量。這最大的流量，就是設計幹渠根據的流量。再在地形圖上沿着地脊規定幹渠的線路。

淤田的渠道應當注意的就是泥沙問題。含泥沙的水在渠道裏經過，流速太大，保不住沖毀渠道。流速過小，泥沙便要沉澱。又在虹吸淤田工程裏，渠道坡度可直接影響於水頭，間接影響於水量。水渠坡度變陡，水頭縮小，水量因之變小。平緩的坡度固然可以增加水頭但同時可以減少水量的流速。最好先就地勢及流量假設一坡度及横斷面，用下列二公式

1· 苦托(Kutter)氏公式

$$V = \frac{23 + \frac{1}{n} + \frac{0.00155}{s}}{1 + \left(23 + \frac{0.00155}{s}\right)\frac{n}{\sqrt{r}}}\sqrt{rs}$$

V＝速度 以秒呎計

n＝糙率

r＝水力半徑 以呎計

S＝坡度

2. 肯尼的（Kennedy）氏公式

$V_c = 0.84D^{0.64}$

V_c＝臨界速度（Critical velocity）以秒呎計

D＝渠道水深以呎計

算得水的速度與臨界速度。若水的速度等於或大於臨界速度，據印度工師的經驗，泥沙就不至沉澱。坡度就可與橫斷面同時規定了。

據沙地的居民稱說：每年陰曆正月至四月底爲大風時期。沙重的地方，在這時期之中，沙土飛揚，迷漫空中，堆垣填壑，動變地形。在這種情況之下，開挑的渠道，沒有不漸漸填平的道理。爲免避填渠的損失，我們有兩種辦法。

甲、開挖短渠，建築閘壩。先淤近處，逐漸及遠。

乙、在大風時期後開渠。渠道的路線以順着風的方向爲原則。渠道開挖完畢，接着就引水灌田。待第二年大風來到，渠道左右兩岸能灌到的田地，絕不會飛沙起來。總然有遠處的沙子飛來，也可以順着渠道飛去。這樣，沙子爲害就無足輕重了。

沙地上的渠道，滲透損失甚大。在美國灌溉工程上或在渠内鑲洋灰一層，或地面上架設鐵皮水渠，或地面下埋設洋灰管子，都是防止沙地滲透損失的建築，但此種建築，費款甚巨，在中國的現在，是談不到的。如取土不遠，費工不大的地方，可於渠道接水之面，培一層好土，大大的可減少滲透損失。沒有好土亦不甚要緊。泥水流在沙渠裏，經過相當的時期，自然會把渠道淤成好渠。不過起初放水時損失較大罷了。

幹渠路線既已決定，就可在左右兩岸順着地勢分開支渠。流量多寡按所灌的田地面積決定。兩支渠距離遠近，因土質堅鬆而定。以黄沙土說，至遠不可過四百公尺。

（三）閘堰及平田——灌田的方法甚多。然在黄河兩岸，大部分係黄沙土質。最好是用長方形閘堰方法。由支渠引入田地的水量，須有每秒鐘〇、一一三至〇、一七立方公尺（四至六立方呎）閘堰範圍的大小，全看土質如何纔可規定。普通長九一、五至三九六、〇〇公尺（三百至一千呎）。寬九，一五至三〇、五公尺（三十至一百呎）。堰高二二、八至三八、一公分（九至十五吋）。寬〇、九一五至三、二五公尺(三至十呎)。灌水時期不宜太久，應以二分鐘灌一畝爲限。田地於未灌水以前，應當整理平坦。不平的田地，高處或水不能到，淺處水分不足。深處灌水過多，滲透損失甚大。

(四)水門——水門擬設四種：幹渠中設閘門，支渠口設渠口門，支渠內設分水門，田堰上設堰門。關閘門，開渠口門，幹渠的水就可流到支渠裏。再關分水門開堰門，就可把支渠的水引到田地裏。各水門另有詳細設計，暫不細說。

(五)排水溝——堿地經灌水之後。所有地皮上面的堿，可以順着受地心吸力下行的水，沈到地面以下。但是地下水面若不降低到相當程度，不久因毛管吸力和水分蒸發兩種作用，仍可把堿質返回地面。沙地灌水，滲透較快。但地下水面如接近地皮，地質立即變成板硬狀態。據本地農民經驗，在此種狀態之下，任何莊稼都不生長。以此看來無論堿地或沙地，地下排水，寔爲不可少的工程。所以每一處淤田工程，須先覓得洩水河道或其他出路。然後就地形低下部分定排水幹溝的路線。各支溝以每距一五二公尺埋一道陶土管子爲適宜。幹溝深三公尺。陶土管子深二、四四公尺。如嫌陶土管子費錢，在閘堰下端開挖排水明溝亦可。排水溝流量，因灌田渠水量而異。以沙土地言之排水量約爲灌田水量之半數。如係陶土，五分之一就行了。

六、淤田工程建設之估計

在淤田工程之內，所有引水渠、排水溝、齊田、圍埝及水門等工程，都可歸人民自行辦理，其餘各項工程如虹吸管、吸水機、引水池、閘門、洩水門等，需款甚多，非另行籌辦不可。茲以濟河紅廟虹吸淤田工程為標準，並將各項工程加以簡單說明及價值列表於下。

（參看初步計劃調查表第十五表）

第六表　濟河紅廟虹吸淤田工程建設費

項數	名稱	說明	價值 以元計
1	三十八吋虹吸管	兩組，各長一百八十呎，帶進出水門，活接，漏斗等	32,000•00
2	起重機	兩架，帶鋼絲繩等	800•00
3	吸水機	兩架，帶水管，吞門及柴油引擎	2,600•00
4	虹吸管基礎工程	木樁，洋灰座等	10,000•00
5	引水池	塊石池墻用洋灰砌池，底用三合土做成	6,000•00
6	放水門	用洋灰鑲河槽，長二十呎並立水尺	800•00

7	機器房	白鉄皮頂，磚墻房屋一所	1,000•00
8	鋼門	六處，每處二千元	12,000•00
9	洩水門	用塊石洋灰壘砌	5000•00
10	起門機	洩水門用	700•00
11	測量費	測量渠道排水溝路綫等	300.00
12	運費	由濟南運至齊河	800•00
13	安裝費	在虹吸地點安裝一切機件	840•00
14	設備費	零用工具及器具	500•00
15	雜費	儀器，流速計等	600•00

總計—73,940•00

七　進行辦法

安設虹吸管地點既經勘定以後、如款項有着、就可分工程和行政兩方進面行：

（一）工程方面——工程上第一步工作就是測量。測量工作，雖一處有一處的特別情形，不能趨於一致。然而無論何處都有應當測量的數項如下：

甲、大堤橫斷面，附近黄河各水位及堤外各地面的高度。

乙、虹吸地點附近詳細地形，沙地或鹹地地形。

丙、洩水幹溝路線及縱橫斷面。

丁、洩水道路線及縱橫斷面。

戊、各水門地點詳細地形。

已、其他特別測量。

第二步爲設計工作，應辦的事項如下：

甲、虹吸管設計。

乙、引水池設計。

丙、各水門設計。

丁、引水幹支渠路線設計。

戊、排水幹支溝路線設計。

已、引水幹支渠各橫斷面設計。

庚、排水幹支溝各橫斷面設計。

辛、洩水閘各部設計。

壬、其他特殊設計。

第三步的工作就是施工和督工。虹吸管，引水池，洩水門，和各水門的工程，最好是招商包工。開挑幹支渠，洩水溝，和築堰工程，最好是徵調民夫。無論包工或調夫，都得要工程師指導纔可以做得合法。施工的時候工程師將把工作地點，工作方法，按照設計圖樣一一指示明白。開工之後，工程師又須不時查驗。所做的工程究竟是否合法，建築的堅固不堅固，工作進行有無延緩情形，都是工程師應當負的責任。

(二)行政方面——每舉辦一項工程，先決問題，就是籌款。款由政府籌備，所有一切工程完全由政府辦理，叫做官辦工程。款由人民自已籌備所有一切工程完全由人民辦理，叫做民辦工程。但是現在所辦的淤田工程無論款項係人民籌辦或政府籌辦，全部工程兩方面都不容易單獨辦理。政府離了人民不成，人民離了政府也不成。比如安設虹吸管，引水池水門等工程，人民自已是不容易辦的，最好是歸政府辦理。但如挑渠，築堰，平田等土工，若由政府單獨辦理，不惟費款甚多，事實上亦有許多困難。所以一切土工都可以歸受益地主承辦。不過須經政府加以指示罷了。據過去的經驗此種辦法結果都很好。這官民合辦的工程，既然款項的來源不同，行政上的組織當然不會一樣，茲按中央款，省款，縣款，民款四項，分別叙明辦法如下：

甲、如中央政府籌款與辦黄河淤田工程，中央須與省政府合作辦理一切工程事項，方可獲得較高效率。因爲開渠築堰徵調民夫，地方政府辦理去較爲容易。如直接歸省政府辦理，則更簡易。其辦法和省政府自行籌款的一樣，詳下條。

乙、如省政府籌備大宗款項與辦黄河淤田工程，建設廳將按照小清河工程的例子，在廳内設立黄河淤田工程委員會，辦理一切測量設計及工務事項。所有開渠挑溝築堰等須用民夫的工程，建設廳將按照疏濬徒駭河辦法，令縣辦理，並同時委派工程師負責督工。

丙、如縣政府用地方建設費辦理虹吸工程，所有測量設計可由建設廳派員承辦。但工程的建設總須歸縣政府負責辦理，開工之後建設廳再派工程師若干人常川駐在工地，專負指導之責。

丁、如人民自己籌款舉辦引黄淤田的工事，可援照章邱縣例子，設立虹吸引黄淤田委員會。負建設該項工程之責。關於技術事項如需要協助，可以呈請建設廳委派工程師負責辦理。

此外如有人組織水利公司與辦黄河水利，必經的手續就是把工程設計先呈請建設廳准予備案，纔可以進行一切。必要的時候亦可請廳派員指導工程。

關於開挖溝渠所佔用的民地，將由縣政府依照設計的規定尺度算出畝數，公道付價。或依照定章辦理。被佔地主不會蒙無謂的損失的。灌水先後最容易鬧起爭端。縣政府將按照設計地段號數依次灌溉，週而復始，並釐訂用水規條以資遵守。收取水費，一處有一處特別情形，不能一致。每畝應收若干，臨時由縣政府或委員會斟酌情形再爲規定。

上邊所說各項工程和行政的事項，都是淤田工程所不可少的手續，兩方面須要同舟共濟，相輔而行，纔可達到成功的目的。

七、結論

總之山東黄河左右兩岸，除極少山地外，其餘都是地勢平緩的農田。而且川高田下，引水極其便利。河北面有徒駭河，已於上年疏浚；河南面有小淸河，地勢較平原低下，都是天然的洩水河道。有這樣大的水源，又有偌大的灌溉區域，要是不引水灌田，坐失其利，可就太可惜了！也就太迂闊了！建設廳有鑒於此，擬有黄河沿岸十萬頃水田計劃，若能按照計劃實現出來，山東黄河兩岸每年水利收入可達一萬萬元。又十萬頃水田約需水每秒鐘五百七十立方公尺。民國八年至十一年平均最大洪水量每秒鐘五千八百立方公尺。就是說該項計劃成功之後可減少洪水十分之一。這項計劃分三期辦理，第一期就是上邊所說的淤田工程，利用虹吸管改良沙域地是最經濟不過的事情。第二期利用虹吸管灌溉低田，增加農產。第三期安設吸水機灌溉高地。希望同人大家共同努力，先把淤田計劃完成，然後第二第三兩期就容易辦了。請大家細細想想，黄河兩岸到處都是引水灌田，水患可減，水利大興，豈不是一舉兩得麽？

二六

附一

山東黃河沿岸虹吸淤田工程初步計劃調查表

黃河自河北濮陽流入山東境地，經濮縣，范縣，壽張，東阿，平陰，肥城，長清，齊河，歷城，濟陽，齊東，青城，濱縣，蒲台，利津，十五縣，蜿延八百餘里以入於海。在此流域之內，除南岸壽張陝家山至肥城陶山止約九十里為山坡外，其餘地勢，均甚平綏。土質係黃土與沖積層相混而成。農田肥沃，實深利賴。而以歷年河身淤高，決口為患。若者卑濕鹹鹵，五穀不生。若者流沙淤地，雖施耕種。居民遷徙，村落為墟者，比比是也。建設虹吸管於此，廣派員查勘。茲據報告，沿兩河岸共有沙地一萬二千五百九十四頃。鹹地四千八百五十四頃。共計一萬七千四百四十八頃。若選擇地點安設虹吸管，引渡淤灌，可將沙鹹地盡數變為良田。建設費約需洋四百四十七萬三千元。（詳第二十七表）經常費八萬一千八百九十二元。以每年每畝產洋十元計之，全年收入可達一千五百八十七萬二千六百元。更以每畝增值六十元計，共增加地價一萬萬元。特將調查結果，加以初步計劃，分縣撮列一覽表如下：

（一）

第一表 歷城王家梨行沙地（第二圖）

縣名	章邱，歷城
沙城地之位置	沙地之地形為西南東北之長方形。地勢西南高東北低。面積約二百方里。坐落黃河右岸。歷城及章邱境內西南端與黃河為鄰。土質沙佔大部，城次之。
面積及地勢	地勢當決口時沖出溝道數條。寬半里至一里。深四五尺至七八尺。溝道以內多係城土。重者植物不生。輕者只生茅草。溝道兩旁多係沙地。輕者稍有起伏，不過二三尺。重者堆成沙邱。高低相差及八九尺。面積約二百方里。計地一千零八十頃。
成因及沿革	於清光緒二十四年。黃河在王家梨行決口。沖淤而成沙層。深者丈餘。淺者四五尺。近年民衆於沙層較淺各處逐漸翻墾，但耗費太多，非殷實農民不能舉辦。對於較厚之沙層均束手無策。
地價及出產	地價不一，有莫過糧者，但在緩征不征之例。土質甚劣，僅產茅草蘆葦棉柳及花生大豆等。每年每畝收益三四元不等。每官畝地價十元上下。
地面與黃河水位之比較	沙地地面與低水位比較略低，與洪水位較低一丈餘。
安設虹吸管地點	王家梨行

引　　河	黃河至沙地之進水道，擬用溜道。其上端即與沖成之深水溝相接。
洩水道	以小清河為洩水道。冬季水深三四尺。春夏則水淺。因河中水草至春末根腐，水流較速。且夏季沿河吸水灌田者頗多。沙地至洩水道之水道，擬用北溜道，由老東窯劉莊東南洩入小清河。惟自新莊以下已閉塞耕種。溜道淤淺，尚須稍事挑挖。
附近莊村情形	附近莊村之地勢，均以防備黃水氾濫，宅基約高於地面四五尺不等。該處原係沃壤。自淤沙後，出產銳減。居民生計困難。相率逃四鄉者甚多。又以許家莊曹家莊等為最甚。
附近良田地價及出產	附近良田地價，每官畝計價一百二十元。每年可收二季，五谷皆宜。每年每畝收益約三十元。
工程費用	共計建設費洋二十四萬七千元。共地一千零八十頃。每畝攤洋二元三角。
經常建築	共計經常費每年三千八百八十二元。每畝每年攤洋三分六釐。
利益概算	按該縣良田每年每官畝收入平均三十元。設淤成之田以此計算，則沙地每年每畝可增收二十六元。總計共一千零八十頃，每年可增收二百八十萬八千元。
備　　考	

第二表 歷城尚家莊沙地（第三圖）

縣名	歷城
沙灘地位之置	該沙地在黃河左岸距河最近處，共長十五里。係沙土。每畝地價約大洋十元。
面積及地勢	地形係略長方形。西北及東北部較低，南部及中部較高。無甚起伏。內有溝道三條。共長一百五十里。寬自半里至一里。深自三尺至十二尺。面積共六百四十方里。合地三千四百五十餘頃。
成因及沿革	清光緒八年黃河在桃園莊決口。光緒十三年，齊河境內丁家口決口。及光緒十五年，尚家莊決口。三次決口，淤澱而成沙土層，深三尺至十尺。下層土質，係沙質土壤。挑溝翻地者頗多。成績尚佳。惟溝道附近之地淤沙較深，挑溝翻地不易實行。
地價及出產	該沙地除有溝道一部免稅外，餘均有糧。每畝地價不均約十元。產花生豆類。每年約收益二元。
地面與黃河水位之比較	黃河最低水位，高於地面約尺許。中常水位，約三尺。最高水位，約十尺。
安設虹吸管地點	尚家莊附近

引　河	將舊有三條溜道疏通整理作爲引河。
洩水道	以徒駭河爲洩水道。（該河在濟陽縣境）其出水道可用舊溜道，長約六十里
附近莊村情形	附近村莊地勢大都與沙地而平，宅基約高一尺。
附近良田地價及出產	附近良田地價每官畝約六十元，可種麥豆高粱等物，每年收益約得十元。
工程費用	共計建設費八十六萬六千二百元，共地三千四百五十餘頃，每畝攤洋二元五角；
經常建築	共計經常費每年一萬八千零六十元，每畝每年攤洋五分。
利益概算	查該處良田每畝每年收入十元，設淤成之田以此數計算，每年每畝可增收八元，總計三千四百五十頃，共計每年增加收入二百七十六萬元。
備　考	

(6)

第三表 齊東青城交界雙堂鎮沙地 (第四圖)

縣名	齊東
沙堿地之位置	該沙地在黃河右岸，距黃河最近處不及半里；係沙土；每畝地價十元至三十元不等。
面積及地勢	沙地中有一幹溝，強半為飛沙掩埋，罔克辨識其概況。東北部伸入青城縣境；全體為長方形式。西北較高，東南較低。面積共約二百一十方里。計地一千一百六十六頃餘。
成因及沿革	清光緒十八年夏，黃河由趙王莊決口，淤澱而成沙地。前後被水患數次，無甚變遷；沙層厚約四五尺。其下並係淤土，以沙層過厚無翻地者。
地價及出產	有糧之地約佔十分之七；種大豆者約十分之八，高粱花生約十分之二；每畝收益自二元至六元不等。地價每畝約二十元
地面與黃河水位之比較	最低水位高于地面三尺；平常水位五尺。洪水時約在一丈上下。
安設虹吸管地點	青城齊東交界馬閘子。

引河	進水道距幹流僅三百餘尺；爲沙質土壤；每畝地價洋五十元。
洩水道	以小清河爲洩水道。低水位在一二三月；約低於出水道一丈餘。平常約低七八尺；洪水暴漲每次至多不過三日。出水宜用狭口溜道。現雖强半爲沙淤埋，而疏浚之工程尚小。長約二十七里。土質爲沙。每畝約二十元上下。惟下口須由良田內挑十六里之新渠始能導入小清河每畝地價約在八十元左右。
附近莊村情形	地勢大致平坦，少有起伏，均在五六尺以下。有舊溜道一條，長約二十七里，寬約半里。惟閘上口東南三里許即爲積沙淤沒，忽現忽伏，僅可辨識。如挑時仍以順其舊道爲宜。莊村地勢與沙面平。
附近良田地價及出產	附近良田，穀麥咸宜。每畝地價八十元至一百元。每年收益約二十元。
工程費用	共計總設費洋二十萬七千六百元。計地一千一百六十六頃。每畝攤洋二元二角。
經常建築	共計經常費每年四千三百十八元。每畝每年攤洋三分七厘。
利益概算	查該地每年每畝平均收入四元。附近良田每年每畝可收入二十元。淤澄之田以此數計算，每畝沙地可增收十六元。總計一千一百六十六頃。每年增收計一百八十六萬五千六百元。
備考	

(3)

第四表　齊東新街口沙地（第五區）

縣名	齊東
沙地之位置	該沙地在黃河右岸，距河最近處約三里。係沙土，每畝地價十元至三十元不等。
面積及地勢	地勢西部高，東部低，大致不坦。稍有起伏，在五尺以內。中一斡溝長三十餘里，寬半里，深三四尺。初係粘土，近被飛沙湮沒里許。面積共約二百方里。計地一千零八十頃。
成因及沿革	由光緒二十七年夏黃河自章境內陳家窯決口淤澱而成。前此屢被水患。沙層厚約五六尺。下係粘土。中段多挑淤翻地者。成績頗佳。惟數年後復多為飛沙湮沒。
地價及出產	有淤地每畝地價十元至三十元不等。僅產花生大豆。因土質不齊，每年收穫三元至八元不等。
地面與黃河水位之比較	最低水位高於地面尺餘。中常水位高四五尺。洪水位高一丈左右。
安設虹吸管地點	本境沿岸無適宜地點。惟決口處上游之大寨北有一土壩。緊靠進水溝滿。洪水時即溢出。故上口築有民堤。壩距幹溝里許。尚可用作虹吸地點。

引　河	堤內有舊溝一道，長約里許。係沙質土壤。每畝價洋三十五元。堤外須順堤新挑里許始入出水溝。係粘土，每畝價洋六十元。
洩水道	以小清河爲洩水道，低於沙地六七尺。其決口沖成之溜道，即天然之出水道。
附近莊村形情	附近莊村，地勢極高。爲防水計，居宅皆用磚基。
附近良田地價及出產	附近良田，凡穀屬均長，良莠不齊。最佳者每畝八九十元。收穫約在二十元上下。
工程費用	共計建設費二十四萬三千元。共地一千零八十頃。每畝攤洋二元二角五分。
經常建築	共計經常費每年三千八百八十二元。每畝每年應攤洋三分六厘。
利益概算	查該段沙地每年每畝可收入五元。良田每年每畝可收入二十元。設淤成之田以此數計算，每年每畝沙地增收十五元。總計一千零八十頃，每年增收一百六十二萬元。
備　考	

第五表 東阿陳集碱地（第六圖）

縣名	東阿
沙碱地之位置	該碱地位縣西北部，距黃河十二里。土質黑土及沙土兩種：東至觀音堂，西至賀莊，南至陳集，北至馬場。
面積及地勢	地勢係長方形。西南高，東北低。地勢低下：各地段每以掃除碱土，堆積地邊，高至二三尺，至六七尺不等。土質係沙土及黑土，尚可種植麥豆等物。面積約四百方里，計二千一百六十頃。
成因及沿革	因該處地勢窪下，排水不良，土層含碱質約近四尺，每年掃除碱土積於地邊，略有起伏，高不過二三尺，至七八尺。考其土質，多係沙土，黑土，尚可種麥豆。
地質及出產	該碱地皆係有粮地，每畝地價約八元至十元：碱質輕者，產豆、麥之屬，每年每畝約收益四五元：重者收益二三元不等。
地面與黃河水位之比較	黃河水位最低時與地面高低相等，中常水位高於地面約一二尺：洪水期高於地面四五尺不等，
安設虹吸管地點	滑口

引　　河	自渠口至該墟地，約十五里，無舊溝可用，必須挑挖新溝。土質有壤土白土。每畝地價約七八十元左右。
洩水道	以趙牛河為洩水河。該河平時無水，低於墟地約三四尺，無須疏濬。出水道宜在朱莊東北，近趙牛河處，新行挑挖溝渠長約三四里。每畝地價約五六十元左右。土質沙質白土。
附近莊村情形	附近村莊宅基高於墟地約四五尺。
附近良田地價及出產	附近良田每畝地價約五十元。產麥，豆，等類，每年每畝收益七八元不等。
工程費用	共計建設費洋五十六萬零七百元，每畝攤洋二元六角。
經常建築	共計經常費每年洋七千六百二十六元，每畝每年攤洋三分五釐。
利益概算	查該地附近良田，每畝每年可收入八元。設淤成之田以此數計算，每畝可增收五元。總計墟地二千一百六十頃，每年可增收一百零八萬元。
備　　考	

（11）

(12)

第六表 東阿周莊堿地（第六圖）

縣名	東阿
沙堿地之位置	該堿地在滑口西北約十五里，東至官路，西至周莊；宋莊，南至崔趙莊，北至劉道仁堂子。土質黑土及沙土。
面積及地勢	地勢南高北低，成長方形。堿地內每年掃除堿土，積於地邊。略有起伏，高二三尺至七八尺不等。土質沙質白土及黑土，尚可種植麥豆。
成因及沿革	地勢窪下，排水不良，積水而成堿地。土層含堿質約四五尺。
地價及出產	該堿地皆係粮地，每畝地價約八元至十元。堿質輕者，產豆麥之屬。每年每畝收益約四五元。次者二三元不等。
地面與黃河水位之比較	中常水位自二月至六月，高於地面二三尺。洪水期在七月至九月，高於地面五六尺不等。
安設虹吸管地點	滑口

引河	自滑口至堿地，約十五里。無舊溝可用，須挑挖新溝。與賀莊堿地同一水溝。
洩水道	以趙牛河爲洩水道，約低於地面三四尺，須施以疏浚。出水溝應挑一排水溝，經張馬莊入趙牛河。
附近莊村情形	附近村莊宅基，高於地面四五尺。
附近良田地價及出產	附近良田地價每畝約四十元，產麥豆，每年每畝收益七八元不等。
工程費用	共計建設費洋六萬四千四百二十元，計堿地百八十頃，每畝攤洋三元六角。
經常建築	共計經常費每年洋一千五百零六元，每畝每年攤洋八分三釐。
利益概算	查附近良田每畝每年可收入八元。設淤成之地，以此數計算每年可增收五元。總計一百八十頃，每年可增收九萬元。
備考	

第七表 惠民劉瓦莊沙地 (第七圖)

縣名	惠民
沙城地之位置	該沙地在黃河左岸，南端于劉瓦莊一帶近臨黃河。
面積及地勢	地勢南高北低。地形爲南北長之略方形。當決口時沖出溜道一條，寬約半里，深約七八尺。溜道之內，間有種植作物者。溜道兩旁，便爲沙地。沙層淺者少有起伏，深者成小沙邱，高低相差四五尺。面積約一百餘方里，計地五百四十餘頃。
成因及沿革	於光緒二十六年，黃河在劉瓦莊決口，沖淤而成。沙層淺者約二三尺，深者六七尺。于沙層較淺之處，居民間有歸地者。民國十一年桑家渡有人組織淤田公司，擬用抽泥淤地機淤田。因款項不足，未能實行。
地價及出產	沙地每官畝地價十元至二十元不等。只種花生大豆等物。每年每畝之收益約四五元左右。
地面與黃河水位之比較	沙地較黃河低水位略低。較中常水位高四五尺。較洪水位約低一丈左右。
安設虹吸管地點	唐家東北處安設

引河	引河於引水出堤後或由唐家莊順堤西南行，入大淤道。或由唐家後開溝，向西北直入大淤道亦可。
洩水道	以徒駭河爲洩水道：擬用舊淤道爲出水道，于趙家集東入徒駭河。淤道長約三十餘里。亦宜稍事挑挖，以利洩水。
附近莊村情形	附近村莊之地勢，約與沙地等。
附近良田地價及出產	附近良田每官畝地價約百元。二年可收三季，五谷皆宜。每年收益約二三十元。
工程費用經常建築	共計建設費洋十三萬五千一百元，計灌五百四十頃，每畝攤洋二元五角。 共計經常費每年二千二百三十四元，每畝每年攤洋四分。
利益概算	查該段沙地附近良田，每年每畝平均約收入二十五元。設淤成之田以此數計算，則沙地每年可增收二十元。總計五百四十頃，每年共可增加收入一百零八萬元。
備考	

第八表 蒲台蔡家寨鹼地（第八圖）

縣名	蒲台
沙鹼地之位置	該鹼地在黃河右岸，距大堤甚近。其土質係沙質壤土。
面積及地勢	鹼地之地勢，西北高而東南低。大致平坦，起伏之處，約差尺許。其面積東西廣約二十里，南北長約七十里，成橢圓圓形。共約二百方里，計地一千零八十頃。
成因及沿革	鹼地之成因爲黃河浸潤及排水不良而成。有黃河後，始有鹼地。其堿土層厚約尺許。雖以下土質稍佳，間有挑溝翻地者，均未著有成效。前曾商挑溝排水因佔地問題未解決，迄未實施，
地價及出產	鹼地有空餘賣者，地價每畝在五角以上，五元以下。其出產蘆葦及胡雞蘼等，收益甚微。
地面與黃河水位之比較	黃河低水位，較該處地面約高一尺。中常水位較地面高六七尺。洪水位較地面高一丈一二尺至一丈三四尺。
安設虹吸管地點	王旺莊

引河	城地北鄰黄河，無庸引河。
洩水道	擬定以支脈溝爲洩水道。其出水道擬由周家向東南，經趙家河郭溝，至閻家坊東北入支脈溝。趙家河與郭溝均有河形，稍事整理即可。惟由趙家河至郭溝一段長約里許，須挑挖新溝。
附近莊村情形	附近村莊之地勢亦属不likely：居民宅基，較地面約高二三尺不等。
附近良田地價及出産	附近良田每畝（七二零方步）約一百七八十元，每官畝約計六十元左右。五谷及棉均属適宜。每年每官畝約可得十元上下之收益。
工程費用	計地一千零八十頃，共計建設費洋二十四萬七千元，每畝攤洋二元三角。
經常建築	共計經常費每年三千八百八十二元，每畝每年攤洋三分六釐。
利益概算	查該處良田每年每畝可收入十元，城地收入約一元。設淤成之後以此數計算，則城地可增收九元。總計一千零八十頃，每年可增收九十七萬元。
備考	

第九表 濱縣駱窪堿地 （第九圖）

縣名	濱縣
沙堿地之位置	駱窪堿地在黃河右岸，成東西長之帶形；近臨黃河；土質概為堿地。
面積及地勢	地勢東低西高，大致平坦。居民因掃除地面鹼土之故，地之周圍多有二三尺高之土壟。面積約五十方里，計地二百七十頃。
成因及沿革	堿地由黃河滲水停蓄而成。前曾公議沿堤溝及低地挑溝排水，過博興境入小清河；博民恐遭水患，出資雇工，於胡子灣一帶將大堤加厚。堤雖加厚，而黃河滲水終未免除。
地價及出產	堿地有空過糧者，每畝地價僅京錢數千或二三元不等；只生蘆葦。每年每畝收益僅一元之譜。
地面與黃河水位之比較	黃河低水位較地面高四五尺。中常水位丈餘；洪水位約一丈五六尺。
安設虹吸管地點	在三分段工程汛辦公處之西二壩之間。

引　河	該城地近臨黃河，無須引河。
洩水道	以小清河爲洩水道。冬季水深四五尺。春夏水落低於地面五六尺。出水道由劉子灣經盧窪沿楊家灣一帶入小清河，距離約六十里。
附近莊村形情	附近莊村地勢均屬平坦。其宅基約高二三尺。
附近良田地價及出產	附近良田每畝地價約四十元。五谷皆宜，每年每畝收益在十元左右。
工程費用	驛窪城地面積約二百七十頃，連同盧窪（詳第十表）該地共地八百一十頃。共計建設費大洋二十一萬一千二百元。每畝攤洋二元六角。
經常建築	共計經常費每年二千九百五十八元。每畝每年攤洋三分六釐。
利益概算	查該縣良田每年每畝約收十元。設淤成之田以此數計算，則該城地每年每畝可增收九元。總計二百七十頃每年可增收二十四萬三千元。
備　考	

第十表 濱縣盧窪鹹地（第九圖）

縣名	濱縣
沙鹹地之位置	盧窪鹹地，在黃河右岸駱窪之南。距黃河八里。土質概爲鹹地。
面積及地勢	地勢西北高東南低，成東西長之長方形。中有東西溝渠一道。北段爲鹹地。南段爲半鹹。地面積約百方里，計地五百四十頃。
成因及沿革	該窪地爲駱家窪及青城窪之水匯瀦而成。如水勢過大窪不能容，則沿楊家溝一帶東南流入小清河。該處居民曾呈請實業廳出示挑溝排水。因佔地問題，高苑縣民反對，未得實行，故水患迄未免除。
地價及出產	該處地較鹼子窪稍好，間有並長五谷者。地價每畝錢數千或三四元不等。每年收益約二三元不等。
地面與黃河水位之比較	與駱窪同，詳第九表。
安設虹吸管地點	用駱窪地點，詳第九表。

引河	距黄河六七里，須開引河。南段宜沿用舊水溝，寬七八尺深三四尺不等。北段可由沙李莊西南另挑新溝，以資減曲而增流速。
洩水道	以小清河爲洩水道，詳第九表。
附近莊村情形	與駱莊同。
附近良田地價及出產	與駱莊同。
工程費用經常建築	詳第九表。
利益概算	詳第九表。
備考	

第十一表 范縣左營城地（第十圖）

縣名	范縣
沙/城地之位置	該沙地內有城土。在范縣東南，黃河右岸，與鄆城交界：西至左營，東至陽集，南至左營，北至雙李。土質係沙土。
面積及地勢	該地地勢西高東低。內有溜道寬里許；溜道外大致平坦。沙深七八尺不等；面積約六百頃，成東西長之帶形。
成因及沿革	係光緒二十四年八月八日孔橋決口淤澱而成。
地價及出產	該沙地多未墾植。每畝地價約十元。除產大豆外，別無他種農產。每年收益約三四元。
地面與黃河水位之比較	黃河中常水位略低於地面。洪水位約高於地面四尺許。
安設虹吸管地點	係沙窩西。

引　河	該沙河距河甚近，無須開挖引河。
洩水道	沿舊溜道入黃花寺之趙王河，可作洩水道；惟該河淤塞尚須疏浚。
附近莊村情形	附近村莊較沙地稍高，村民宅基高於地面約二三尺。
附近良田地價及出產	附近良田，每畝地價約三十元。五穀皆宜。產豆爲大宗。每年每畝收益約十元。
工程費用	共計建設費洋十七萬二千七百元。計沙地六十頃，每畝攤洋二元九角。
經常建築	共計經常費每年二千五百一十元。每年每畝攤洋四分。
利益概算	查附近良田每年每畝可收入十元。設淤成之田以此數計，每年每畝可增七元。總計六百頃，每年可增收四十二萬元。
備　考	

(24)

第十二表 齊東埽河沙地（第十一圖）

縣名	齊東
沙城地之位置	該沙地係飛沙，在黃河右岸，距河最近處十五里。
面積及地勢	該沙地為長方形。西部高，東部低。地勢不綏。有東西溜道一條。自譚劉莊西南入小清河。面積約六十五方里，計地三百五十一頃。
成因及沿革	清光緒二十四年夏，黃河自歷城之東岸埽溝決口，流入本境，淤澱而成沙地。前此屢被水患。沙層厚約四五尺。下係粘土，尚無翻地者。
地價及出產	地價每畝十元至三十元不等。僅長花生，大豆。每畝收益三元。
地面與黃河水位之比較	最低水位高於地面二三尺。中常水位四五尺。洪水時約高一丈上下。
安設虹吸管地點	埽溝東岸石壩。

引河	沿用決口時沖刷之溜道。
洩水道	以小清河爲洩水道。
附近莊村形情	莊村地勢與沙地面相等。惟房舍地基尚屬堅固。
附近良田地價及出產	附近良田，穀類皆宜。每畝收益在十五元上下。
工程費用	共計建設費大洋一十萬二千三百五十元。計地三百五十一頃，每畝攤洋二元九角。
經常建築	共計經常費每年洋二千一百五十六元。每畝每年攤洋六分。
利益概算	查該沙地每年每畝可收入三元。附近良田每年每畝可收入十五元。設淤支之田以此數計算，每畝沙地可增收十二元。總計三百五十一頃，每年可增收四十二萬餘元。
備考	

第十三表 鄄城董口沙地 (第十二圖)

縣名	鄄城
沙地之位置	該沙地在黃河右岸，臨濮集北，緊靠黃河，純為流沙。
面積及地勢	地勢東北低，西南高，大致不平。中有溝道數支，寬十五丈，深六尺。全係沙土。面積共二百六十方里，約計地一千四百零四頃。
成因及沿革	由民國十四年七月黃河自李升屯磚頭決口淤澱而成。沙土層厚約五尺。
地質及出產	該沙地已墾種者居四分之三。每畝地價洋自二元至五元。每年每畝收益約五角。
地面與黃河水位之比較	黃河最低水位低於地面約三尺。中常水位比地面高約一尺。洪水位比地面較高三四尺。
安設虹吸管地點	擬於趙莊距河身近有挑水壩之處安設。

引河	埝外即係沙地，無須引河。
洩水道	順沙地內舊溜道洩水，入趙王河故道，即以趙王河爲洩水道。惟久經淤塞，須略挑挖。
附近莊村情形	附近莊村與沙地面平。
附近良田地價及出產	附近良田每畝地價約二十元，產五谷花生等，每畝收益三元餘。
工程費用	共計建設費洋三十七萬零一百元，每畝攤洋二元六角三分。
經常建築	共計經常費每年洋五千七百六十六元，每年每畝攤洋四分一厘。
利益概算	查該處良田每年每畝可收入三元，設淤成之田，以此數計算，每年每畝可增收二元五角，總計一千四百零四頃，每年增收三十五萬一千元。
備考	

第十四表 惠民南北王莊沙地 (第十三圖)

縣名	惠民
沙域地之位置	該沙地在黃河左岸，距黃河里許。
面積及地勢	地勢西高東低，為東西之長方形。中有南北溜道一條，飛沙堆成小邱，羅列溜道兩岸，起伏相差尺餘。（東西約五里南北約四里）面積約地一千零八十頃。
成因及沿革	光緒十六年黃河在南北王莊決口，冲淤而成沙地。沙層深者丈許，淺者六七尺。間有堆成沙邱者。
地價及出產	該地每畝地價五六元至十數元不等。在前只生茅草檉柳，近一二年內有種花生者。每年每畝收益由一元至二三元不等。
地面與黃河水位之比較	地面較黃河低水位略低，較中常水位低四五尺不等，較洪水位丈餘。
安設虹吸管地點	南北王莊東南梁莊南相連三褚壩之處。

引河	由紅吸管出口挖溝西去，入溜道，長約里許。
洩水道	以徒駭河爲洩水道，用溜道作出水道。長約十五里。不生産物。自古城李家以下，均成良田。每畝地價約四五十元。須挑溝洩水。溜道較沙地低三四尺。於范橋西南路北挖渡，順入徒駭河。
附近莊村情形	附近莊村地勢均屬不坦。
附近良田地價及出産	附近良田每畝價約二三十元。五谷皆宜。每年每畝出産約値五元。
工程費用	共計建設費洋二十四萬七千元，計地一千零八十頃，每畝攤洋二元三角。
經常建築	共計經常費洋三千八百八十二元，每年每畝攤洋三分六厘。
利益概算	查該沙地每年每畝收入二元。良田每畝每年收入五元。設淤成之田，以此數計算，則沙地每年每畝可增收三元。總計一千零八十頃，每年可增收三十二萬四千元。
備考	

第十五表 齊河黑家窪沙地（第十四圖）

縣名	齊河
沙堿地之位置	該沙地係黃河左岸。牛角河東，平浦鐵路以南，純為沙地：又沙地之南距河近處，有堿地一段，約七十頃。
面積及地勢	地勢西南略高，向東北傾斜，坡度平緩，約為六千分之一：地形稍有起伏，最高不逾三尺：面積沙地一百三十頃，堿地七十頃，共約二百頃。
成因及沿革	由清光緒十二年趙莊決口淤墊而成。沙深約四五尺，無鹼地者。
地價及出產	沙堿地每畝地價約二十元左右：每年每畝收益約四五元：產花生大豆之類。
地面與黃河水位之比較	黃河低水位約高於沙地二三尺，中常水位七八尺：洪水位十四五尺。
安設虹吸管地點	紅廟

引河	自紅廟閘挑引河長須五里至沙地。
洩水道	以牛角河為洩水道。惟自婁家莊至胡家店一段，長三十里，河身淤塞必加疏浚。至甘隅頭入徒駭河，（牛角河於二十年秋業依本廳計劃挑挖疏浚）
附近莊村情形	附近村莊地勢稍高。村民宅基均高於沙地三四尺。
附近良田之價及出產	附近良田地價每畝三四十元。每畝每年收益約計二十元。產五穀高粱之類。
工程費用	共計建設費大洋七萬三千九百四十元。計地二百頃，每畝攤洋三元七角。
經常建築	共計每年經常費大洋一千八百零六元。每畝每年攤洋九分。
利益概算	查該地附近良田每年每畝約可收入二十餘元，設淤成之田，以此數計算，則沙鹼地，每年每畝可增收十五元。總計二百頃，可增收三十萬元。
備考	

第十六表　肥城拔貢河堿地　（第十五圖）

縣名	肥城
沙堿地之位置	堤外堿地在黃河左岸大堤外拔貢河兩岸，北至周家莊，南至尹家海子。
面積及地勢	地勢窪下，兩岸成斜坡形。面積約四百餘頃。
成因及沿革	因地勢窪下，拔貢河淤塞，排水不良，水浸所致。堿地分鹽堿，濕堿，乾堿三種。
地價及出產	該堿地每畝地價三元，至十元不等。產高粱豆類，每畝每年收益約三元，至五元不等。
地面與黃河水位之比較	黃河最低水位低於地面丈許，中常水位低於地面約六七尺。洪水期高於地面約四五尺。
安設虹吸管地點	李家營

引河	自李家磴放水，經大堤內沙地，向無水道，須新挖引河，地價約三十元左右。
洩水道	以拔貢河爲洩水道，惟多淤塞，須先挑挖。
附近莊村形情	附近莊村地勢稍高，居民宅基較地面約高三四尺。
附近良田地價及出產	附近良田每畝地價約四五十元不等，產五穀及玉蜀黍等，每年收益約十餘元。
工程費用	共計建設費洋九萬七千一百七十元，計地四百餘頃，每畝攤洋二元四角。
經常建築	共計經常費每年需洋二千四百八十六元，每畝每年應攤洋六分。
利益概算	查附近良田每畝每年可收入十元。淤成之田以此數計算，每年可增收七元。計四百頃每年可增收二十八萬元。
備考	

(34)

第十七表 鄄城楊屯莊沙地 (第十六圖)

縣名	鄄城
沙城地之位置	該沙地在黃河右岸，城北十五里。西至[illegible]，東至[illegible]莊，[illegible]，北[illegible]。[illegible]流沙。
面積及地勢	地勢尚稱平坦；惟中有[illegible]溝三道，係決口之[illegible]。寬百餘丈，[illegible]四五尺，[illegible]十[illegible]，南北寬四里，計地二百一十頃。
成因及沿革	係三十年前楊屯決口所致。積沙甚深，四五尺至丈餘不等。
地價及出產	該沙地地價三元至五元。每年收益五六角。產[illegible]。
地面與黃河水位之比較	黃河低水位及中常水位均較沙地稍低。洪水位約高於地面五六尺。
安設虹吸管地點	楊屯[illegible]堤之間，距河身二里，洪水時可至堤根。

引　河	圪外卽沙地，無須引河。惟河身離河圪約二里，須挖適宜之進水渠。
洩水道	沿沙地窪道，洩水入趙王河。卽以趙王河爲洩水道。惟年久淤塞，須加挑挖。
附近莊村情形	附近莊村與沙地平，村民宅基稍高。
附近良田地價及出產	附近良田每畝地價約三四十元，每年每畝收益約十元。
工程費用	共計建設費洋六萬六千六百二十元，計地二百一十頃，每畝攤洋三元一角七分。
經常建築	共計經常費每年洋一千八百零六元，每畝每年攤洋九分。
利益概算	查附近良田每年每畝可收入五元。設淤成之田，以此數計算，每年每畝可增加九元五角。總計二百一十頃，每年可增收一十九萬九千五百元。
備　考	

第十八表 利津宮家莊沙地 （第十七圖）

縣名	利津
沙域地之位置	該沙地在河之左岸，為橢圓形，地勢南高北低，南端在宮家莊與黃河相接。
面積及地勢	沙地之地勢南高北低，沙地內大溜道在西，小溜道在東。大溜道寬由半里至一里，深約七八尺，兩岸間有沙邱，其起伏約差四五尺，面積約一百五十方里，計地八百一十頃。
成因及沿革	於民國十年六月，黃河在宮家莊之西決口，洪澇而成。沙層之深約五六尺及三四尺不等。間有用人工挑溝翻地者，然為數極少。
地價及出產	沙地地價，每官畝約一元左右。出產只有花生及大豆，產量甚微。人民生計頗感困難。
地面與黃河水位之比較	黃河低水位與沙地地面相等，中常水位較地面高約四五尺，洪水位較地面高一丈至一丈二三尺。
安設虹吸管地點	宮家東南。

引河	黄河經沙地之引河，擬沿堤溜，俗名方窩子：西行至河頭裏莊西，入溜道北流。該段引河長約二里。
洩水道	以徒駭河爲洩水道。擬用大溜道洩水，自北趙莊附近，北至徒駭河，約長四十里，多已淤塞，必須挑挖，方可洩水。
附近莊村情形	附近村莊之地勢，均與沙地相等。
附近良田地價及出產	附近良田，每官畝約十五元。五谷皆宜。每官畝出產三元左右。
工程費用	共計建設費，大洋二十萬三千二百元，計地八百一十頃，每畝攤洋二元五角。
經常建築	共計經常費，每年二千九百五十八元，每畝每年攤洋三分六厘。
利益概算	在該沙地，每年每畝可收入一元。良田每年每畝收入三元。淤成之田，以此數計算，每年每畝可增收二元。總計八百一十頃每年可增收十六萬二千元。
備考	

第十九表 濟陽鐵匠莊沙地（第十八圖）

縣名	濟陽
沙城地之位置	該段沙地位於黃河左岸，距河最近處約里許。土沙質。
面積及地勢	該沙地為東西長之長方形。地勢西南高，東北低。中有南北溝道一條。寬數丈，深二三尺。面積約二十餘方里，計地一百零八頃。
成因及沿革	清光緒二十八年八月十六日河決，鐵匠莊漫淤而成。歷來無甚變遷。沙層厚約二尺至三尺。其下土質尚佳，挑溝翻地者，約三分之一，成效頗著。
地價及出產	沙地地價，每官畝約二十元左右。其收獲有紅豆，落花生等。每官畝每年可得十元左右。
地面與黃河水位之比較	黃河水位低水時，較沙地低一二尺。中常水位時，與地面相等。洪水時，較地面約高五六尺。
安設虹吸管地點	鐵匠莊與龍王廟之間。

引河	引河擬在墈地之北邊，由張辛莊東南入沙地。
洩水道	以徒駭河爲洩水道，較地面低三四尺。洩水沿舊溝道，北流入徒駭河。
附近莊村情形	該地土質不佳，種植不宜。附近村莊宅基，較地面約高二尺許。
附近良田地價及出産	附近良田，每官畝八十餘元。五穀皆宜。每官畝每年收益二十元。
工程費用	共計建設費，大洋三萬三千九百元。共地一百零八十頃，每畝攤洋三元一角。
經常建築	共計經常費大洋一千二百一十六元，每畝每年攤洋一分一厘。
利益概算	查該沙地每年每畝可收入十元。附近良田每年每畝可收入二十元。總計一百零八頃，每年可增收一百零八萬元
備考	

(40)

第二十表 濟陽鉄匠莊堿地 (第十八圖)

縣名	濟陽
沙堿地之位置	該堿地在黃河左岸，係鹼性土質。
面積及地勢	該堿地爲東西之略長方形。地勢西南高，東北低。面積約十方里，計地五十四頃。
成因及沿革	因距河太近，河水滲透日久，停滯而成。歷來無甚變遷。堿土層厚約三四尺。其下土質不良，亦無挑溝淤地者。
地價及出產	該段堿地有穀者，每畝地價十元至四十元不等。出產高粱及蕎麥。每年每畝約可得四五元，至十元之收益。
地面與黃河水位之比較	地面較低水位低尺許，中常水位四五尺，洪水位丈餘。
安設虹吸管地點	鉄匠莊與龍王廟之間。

引　河	該處距近鄭黃河，無須引河。
洩水道	以徒駭河爲洩水道，較地面低三四尺。出水道，沿用舊溝道，北流入徒駭河。
附近莊村情形	附近莊村地勢及村民宅基，均較地面高二三尺。
附近良田地價及出產	附近良田地價，每畝約在六十元左右，種植五穀及豆麥等。每年每官畝可得十五六之收益。
工程費用	共計建設費洋二萬四千八百三十元。共地五十四頃，每畝攤洋四元六角。
經常建築	共計經常費每年需洋一千三百四十元，每畝每年攤洋二角四分。
利益概算	查該處良田，每年每畝可收入十五元。設淤成之田以此數計算，則該地每年每畝可增收八元。總計五十四頃，每年共可增收四萬三千元。
備　考	

第二十一表 肥城劉家營沙地 (第十五圖)

縣名	肥城
沙城地之位置	河岔以外，大堤以內，在黃河左岸。距河最近處三里許。北至劉家營，至邵莊，及北方頭，李家莊。全係沙土。
面積及地勢	該地內高，外低，成長方形，大致尚平坦。間有起伏，亦在三尺以下。，面積約二百餘頃。
成因及沿革	清光緒二十年黃河決口，淤澱而成。歷來無甚變遷。沙層厚有丈餘，或五六尺不等。以下係粘土，及壤土。有挑溝翻地者，雖有成效，但費工甚多。
地價及出產	該沙地多有粮地。每畝地價約二十元上下。可種植豆類，花生每畝每年收益三元左右。
地面與黃河水位之比較	黃河最低水位低於地面八九尺。中常水位低於地面三四尺。洪水位高於地面三尺。
安設虹吸管地點	富家岸與李家貴之間。

引河	築堤甚近，無須引河。
洩水道	以拔貢河爲洩水道。穿大堤沿堤添，洩水入拔貢河。土質爲壤土，每畝約值四十元。
附近莊村情形	附近莊村地勢稍高。村民宅基，較地約高三四尺。
附近良田地價及出產	附近良田地價，每畝約四五十元。生產穀類，玉蜀黍等。每年每畝收益約十元。
工程費用	共計建設費洋六萬六千六百二十元。計地二百餘頃，每畝攤洋三元三角三分。
經常建築	共計經常費每年需洋一千八百零六元。每畝每年攤洋九分。
利益概算	在附近良田。每年每畝可收入十元。設淤成之田，以此數計，則每年可增收七元。總計二百頃，每年可增收十四萬元。
備考	

第二十二表　范縣常樓沙地　(第十圖)

縣名	范縣
沙城地之位置	在黃河右岸，距河最近處約二里許。北至龐店，南至常樓。土質全係沙土。
面積及地勢	該沙地爲長方形。西端高，東端低，大致尚平。高低相差，不過二三尺。面積約計一百八十餘頃。
成因及沿革	光緒三十一年七月，黃河在馬莊決口，淤澱而成。沙土層，深約三尺。
地價及出產	該沙地皆係有糧地。地價每畝約十元左右。五谷均產。每年每畝約收谷四五元。
地面與黃河水位之比較	黃河低水位，低於地面約三尺。中常水位，高於地面一尺許。洪水位，高於地面約四五尺。
安設虹吸管地點	馬莊大王廟東北。

引河	埝外卽沙地，無須引河。
洩水道	該沙地內，舊無溝道，須挑排水溝三里許，至八里灣入趙王河，卽以此河爲洩水道。
附近莊村情形	該沙地地勢不坦。附近莊村，較沙地稍高。宅基約高於地面三尺餘，
附近良田地價及出產	附近良田地價，每畝約三十元。出產以麥，高粱，豆類，爲大宗。每年每畝收益八九元。
工程費用	共計建設費洋六萬四千四百二十元。計地一百八十頃，每畝攤洋三元六角。
經常建築	共計經常費每年需洋一千五百零六元。每畝每年攤洋八分三厘。
利益概算	査該地附近良田，每年收入九元。設淤成之田，以此數計算，則沙地每畝每年可增收四元。總計一百八十頃，每年可增收七萬二千元。
備考	

第二十三表　長清董寺城地　（第十九圖）

縣名	長清
沙城地之位置	在長清城西南，黃河左岸。緊靠河岺。大堤以內，土質多係城地。
面積及地勢	該段地勢，大致平坦。西南高，而東北低，成一帶形。面積約一百四十餘頃。
成因及沿革	黃河在馬頭，陰河各決口一次。因該段地勢窪下，爲水浸積日久，成爲城地。且河距岺近，河沙滲入浸積，亦一原因也。
地價及出產	該城地性質不一。收穫亦不齊，每年每畝收益約四元至五元不等。
地面與黃河水位之比較	黃河低水位，及中常水位，均低於地面。洪水位，約高於岺外城地五六尺。
安設虹吸管地點	(一)劉家莊區，虹吸可設於董寺東南。 (二)董寺段莊區，可安設於格河之東。

引河	該處大埝，緊靠河身。勿須引河。
洩水道	董寺東北約二里許，有一水溝向東北流，至賈莊入齊河境。此溝稍加疏浚，可資洩水之用。
附近莊村情形	附近村莊地勢，稍高於堿地。居民宅基，多加墊高。
附近良田地價及出產	附近良田，五穀皆宜。每年每畝收益約十餘元。
工程費用	共計建設費，五萬零四百二十元。計地百四十頃，每畝攤洋三元六角。
經常建築	共計經常費，每年需洋一千四百零二元。每年每畝攤洋一角。
利益概算	查附近良田：每畝每年可收入十元。設淤成之田，以此數計，每年每畝可增收五元。總計一百四十頃，可增收七萬元。
備考	

第二十四表 平陰黃渡沙地（第二十圖）

縣名	平陰
沙灘地之位置	該沙地在黃河左岸，緊靠河岔，西至湖西渡，東至陶營。
面積及地勢	該地成長方形地勢。南高北低，稍有起伏，大致尚屬平坦。面積共約一百零一頃。
成因及沿革	清光緒二十六年，黃河在張莊決口，淤澱而成。沙層深淺不等，至少亦五六尺，故絕少墾地者。
地價及出產	該沙地每畝地價，約二十元左右。出產花生，豆類。每年每畝可收入五元至元六。
地面與黃河水位之比較	黃河低水位，稍低於地面。中常水位，約高於地面三四尺。洪水位，約高於地面六七尺。
安設虹吸管地點	黃渡東，靠河最近處。

引　　河	該處濱河甚近，無須引河。
洩水道	洩水沿舊溝道，洩入拔貢河。舊溝道，約深二三尺。惟多淤塡，須再加疏浚，方可應用。
附近莊村情形	附近村莊地勢，較沙地略高。村民宅基，約高於地面丈許。
附近良田地價及出產	附近良田地價每畝約五六十元。每年每畝收益十數元。
工程費用	共計建設費洋三萬七千五百七十元。計地一百零一頃，每畝攤洋三元七角。
經常建築	共計經常費每年一千零七十元。每畝每年應攤洋一角。
利益概算	查附近良田每年每畝可收入十元。設淤成之田，以此收計，每畝每年可增收五元。總計一百零一頃，每年可增收五萬零五百元。
備　　考	

(50)

第二十五表　平陰康口沙地　（第二十圖）

縣名	平陰
沙灘地之位置	該沙地在黃河左岸。河埝以外，大堤以內，東至康口湖西沿，西至盛莊。均係沙土質。
面積及地勢	地勢南高北低。雖稍有起伏，但相差甚少。面積約六方里餘，計地三十六頃。
成因及沿革	由清光緒二十六年，黃河在張莊決口，淤澱而成。沙層深淺不等，至少五六尺。故絕少種地者。
地質及出產	該地土質優劣不等。上地，每畝地價二十元。每年收益約五元。產花生，大豆，之類。
地面與黃河水位之比較	黃河低水位低於地面。中常水位約高於地面三四尺。洪水位約高於地面六七尺。
安設虹吸管地點	康口張莊間，埝距河約六百尺。洪水時可至埝根。

引河	該地距岔甚近，無須引河。
洩水道	以堤外水溝通拔貢河爲洩水河。無舊溝道，須新挑水渠，過堤入拔貢河。
附近莊村情形	附近村莊，地勢較高。村民宅基，約高丈許。
附近良田地價及出産	附近良田每畝地價約四五十元；每年每畝收益十元左右。
工程費用	共計建設費洋一萬八千六百三十元。計地三十六頃，每畝攤洋五元一角七分。
經常建築	共計經常費洋九百三十元。每年每畝攤洋二角六分。
利益概算	查附近良田，每年每畝可收八十元；而淤成之田，以此數計，每年每畝可增收五元；總計三十六頃，每年可增收一萬八千元。
備考	

第二十六表　范縣羅樓沙地　（第十圖）

縣名	范縣
沙城地之位置	該城地分爲兩區，濱黃河右岸。一在徐薛莊，一在李樓相距里許。
面積及地勢	地勢不坦。上層爲城土，下層係沙與白土。西南高，東北低面積共約三十頃。
成因及沿革	因地勢窪下，排水不良，河水滲入，浸積而成城地。
地價及出產	該城地每畝約地價三十元。每年收益約四五元左右。
地面與黃河水位之比較	黃河低水位及中常水位，均較地面稍低。洪水位較地面高約五六尺。
安設虹吸管地點	李樓距河近處。

引　河	衛河必甚近，無須引河。
洩水道	以八里灣之趙王河為洩水道。距城地無四五里，須新挑排水溝。
附近莊村情形	附近村莊地勢，均較城地略高。居民宅基約高於地面三四尺。
附近良田地價及出産	附近良田，每畝地價約六十元。每年收益約十餘元。
工程費用	共計建設費洋一萬八千六百三十元。計地三十頃，每畝攤洋六元二角。
經常建築	共計經常費每年九百三十元。每畝每年攤洋三角一分。
利益概算	查該處良田每年每畝可收入十右。設淤成之田，以此數計，每年可增收六元。總計三十頃，可增收一萬八千元。
備　考	

(54)

第二七表　淤田工程經費利益統計表

縣名	淤田區	面積	建設費	經常費	利益概算
鄄城	董口沙地	1,404 頃	370,100元	每年5,766 元	每年351,000元
鄄城	周橋集沙地	210	66,620	1,806	199,500
范縣	左營沙地	600	172,700	2,510	420,000
范縣	羅樓城地	30	18,630	930	18,000
范縣	常樓沙地	180	64,420	1,506	72,000
東阿	周莊城地	180	625,120	9,132	1,170,000
東阿	陳集城地	2,160			
平陰	康口沙地	36	18,630	930	18,000
平陰	黄渡沙地	101	37,570	1,070	50,500
肥城	劉家營沙地	200	66,620	1,606	140,000
肥城	拔官河城地	400	97,170	2,486	280,000
長清	董寺城地	140	50,420	1,402	70,000
齊河	黑家窪沙地	200	66,620	1,805	300,000
歷城	尚家莊沙地	3,450	866,200	18,060	2,760,000
章邱	王家梨行沙地	1,080	247,000	3,882	2,808,000
濟陽	鉄匠莊沙地	108	58,730	2,530	151,000
濟陽	鉄匠莊城地	54			
齊東	新街沙地	1,080	243,000	3,882	1,620,000
齊東	雙堂鎮沙地	1,166	257,600	4,318	1,865,600
齊東	埇河沙地	351	102,350	2,156	420,000
蒲台	蔡家集城地	1,080	247,000	3,882	972,000
濱縣	駱窪城地	270	211,200	2,958	621,000
濱縣	盧窪城地	540			
惠民	劉瓦莊沙地	540	135,100	2,234	1,080,000
惠民	南北王莊沙地	1,080	247,000	3,882	324,000
利津	宮家口沙地	810	203,200	2,958	162,000
共計		17,450	4,473,000	81,892	15,872,600

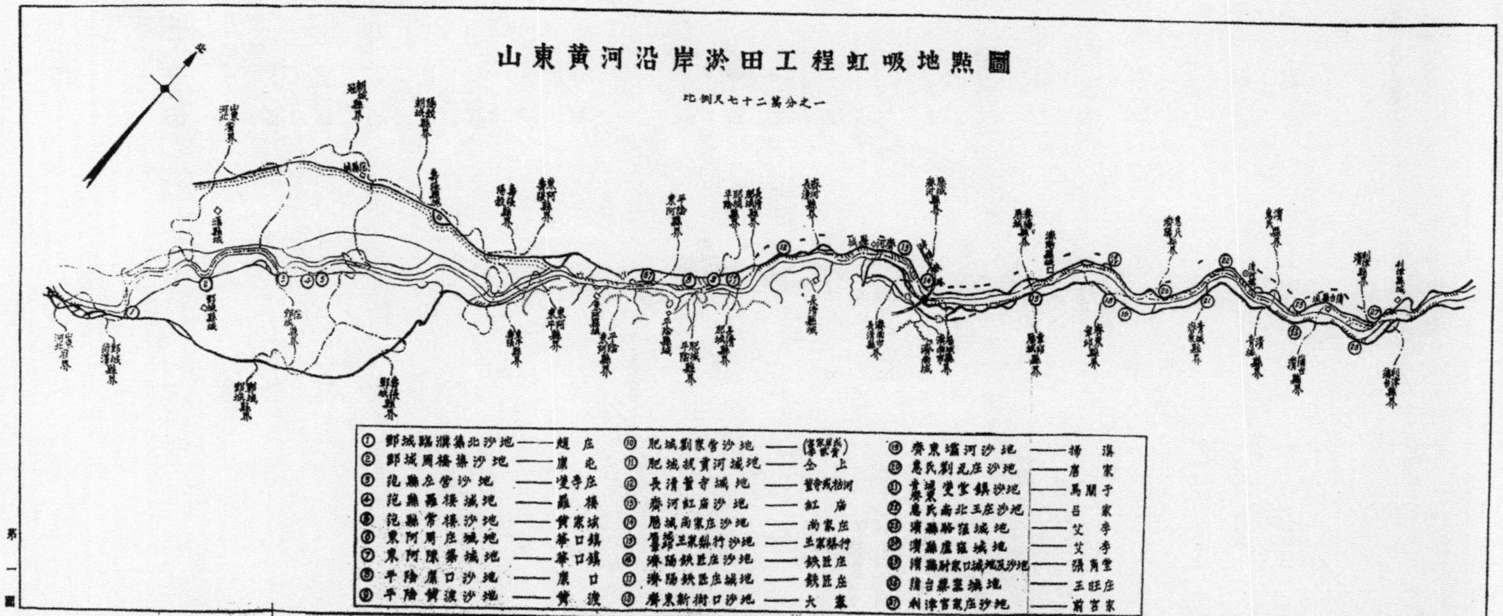
山東黄河沿岸淤田工程虹吸地點圖
比例尺七十二萬分之一
① 鄄城臨濮集北沙地——趙庄
② 鄄城周橋集沙地——康屯
③ 范縣左營沙地——婁寺庄
④ 范縣聶樓堿地——聶樓
⑤ 范縣常樓沙地——黄家坡
⑥ 東阿周庄堿地——姜口鎮
⑦ 東阿陳集堿地——姜口鎮
⑧ 平陰廉口沙地——廉口
⑨ 平陰黄渡沙地——黄渡
⑩ 肥城劉家營沙地——
⑪ 肥城拔貴河堿地——仝上
⑫ 長清董寺堿地——董寺或姑河
⑬ 齊河紅廟沙地——紅廟
⑭ 歷城尚家庄沙地——尚家庄
⑮ 歷城章邱王家梨行沙地——王家梨行
⑯ 濟陽鉄匠庄沙地——鉄匠庄
⑰ 濟陽鉄匠庄堿地——鉄匠庄
⑱ 齊東新街口沙地——大寨
⑲ 齊東墻河沙地——梯溝
⑳ 惠民劉旺庄沙地——唐家
㉑ 青城齊東龔家鎮沙地——馬閘子
㉒ 惠民南北王庄沙地——吕家
㉓ 濱縣路疆堿地——艾李
㉔ 濱縣崖疆堿地——艾李
㉕ 濱縣謝家口堿地及沙地——張肖堂
㉖ 蒲台綦家堿地——王旺庄
㉗ 利津宫家庄沙地——前宫家
第一圖

第二圖

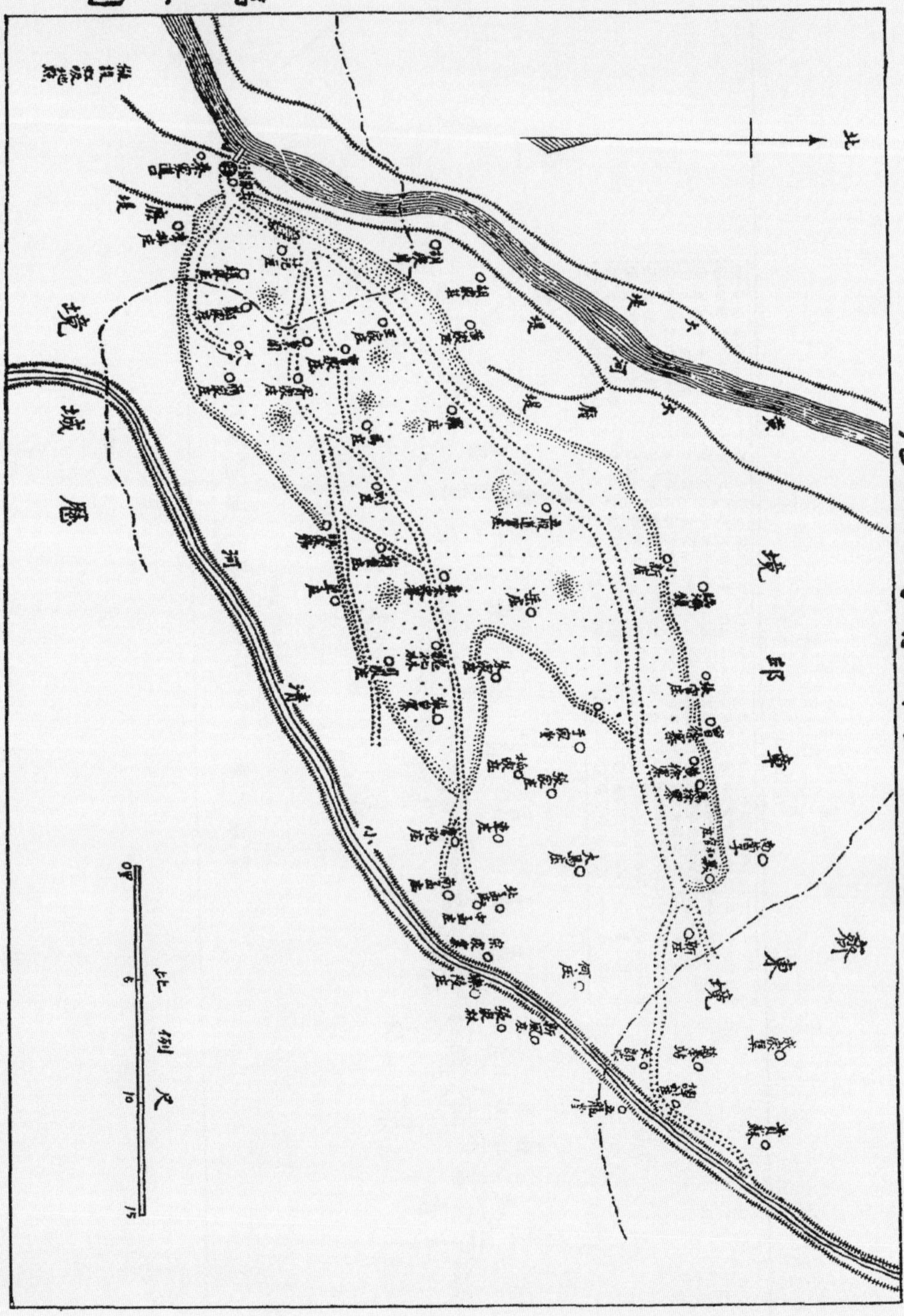

歷城王家梨行沙地略圖

第三圖

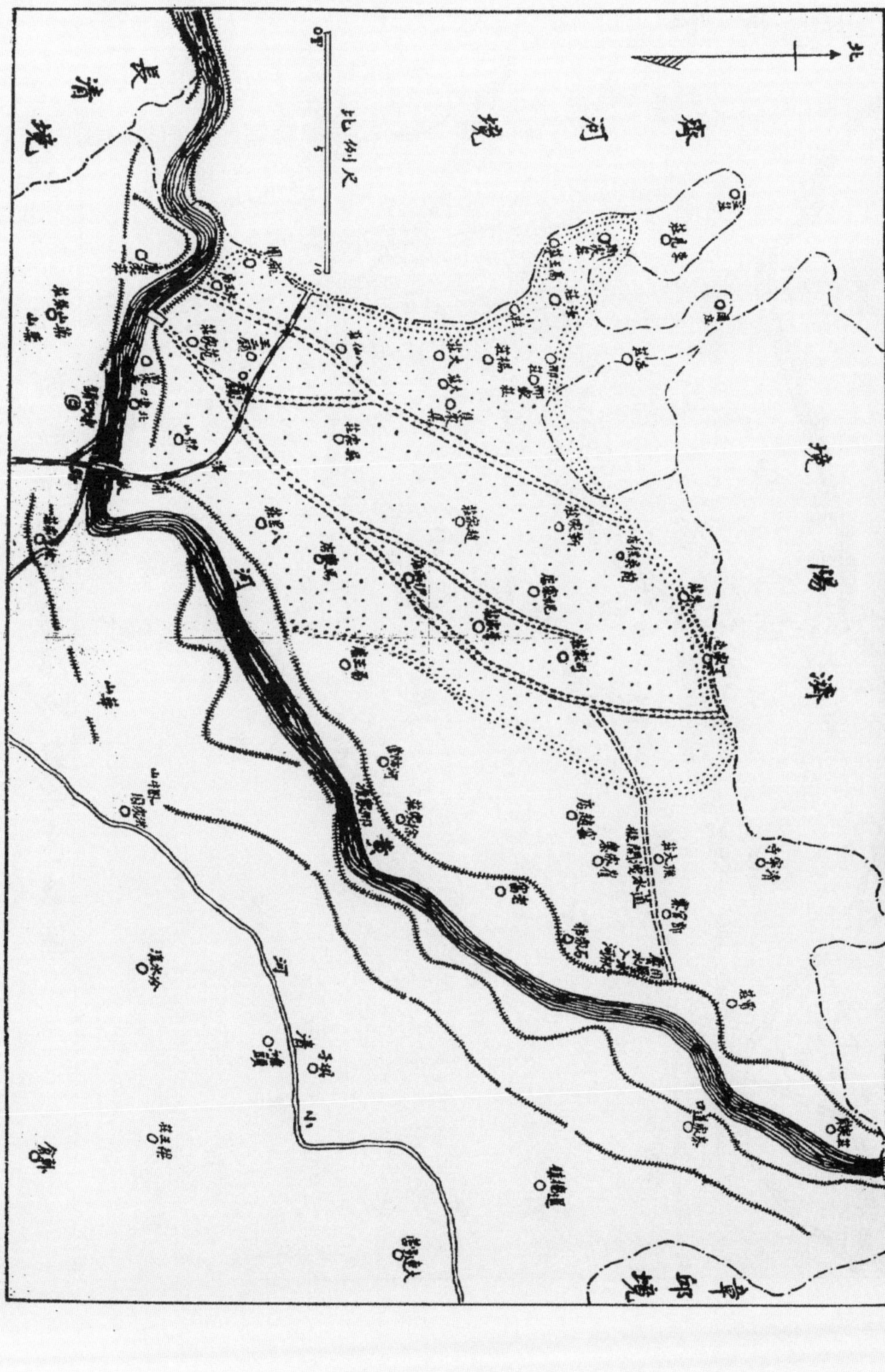

齊東青城交界雙堂鎮沙地略圖

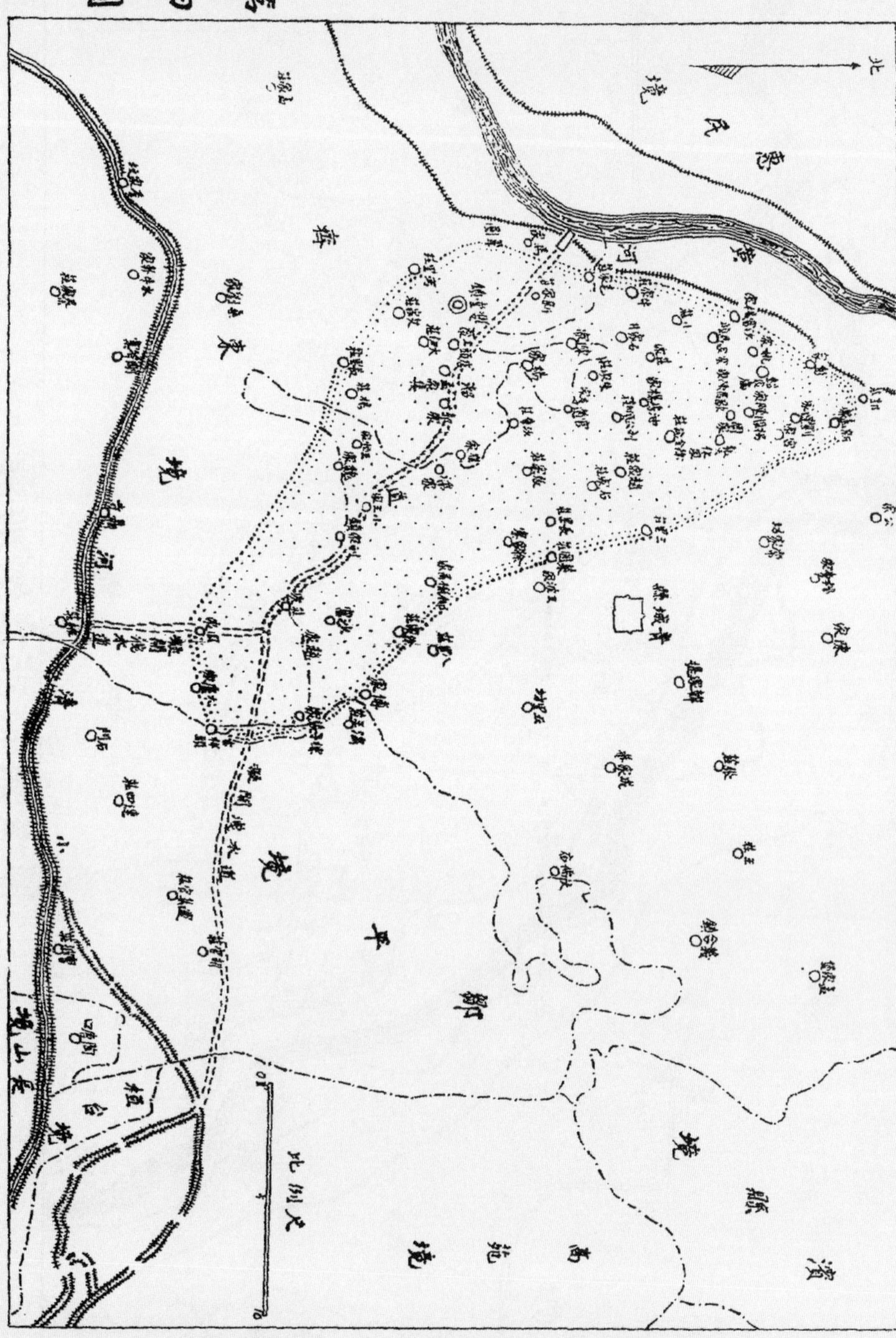

第四圖

齊東新街口沙地略圖

第五圖

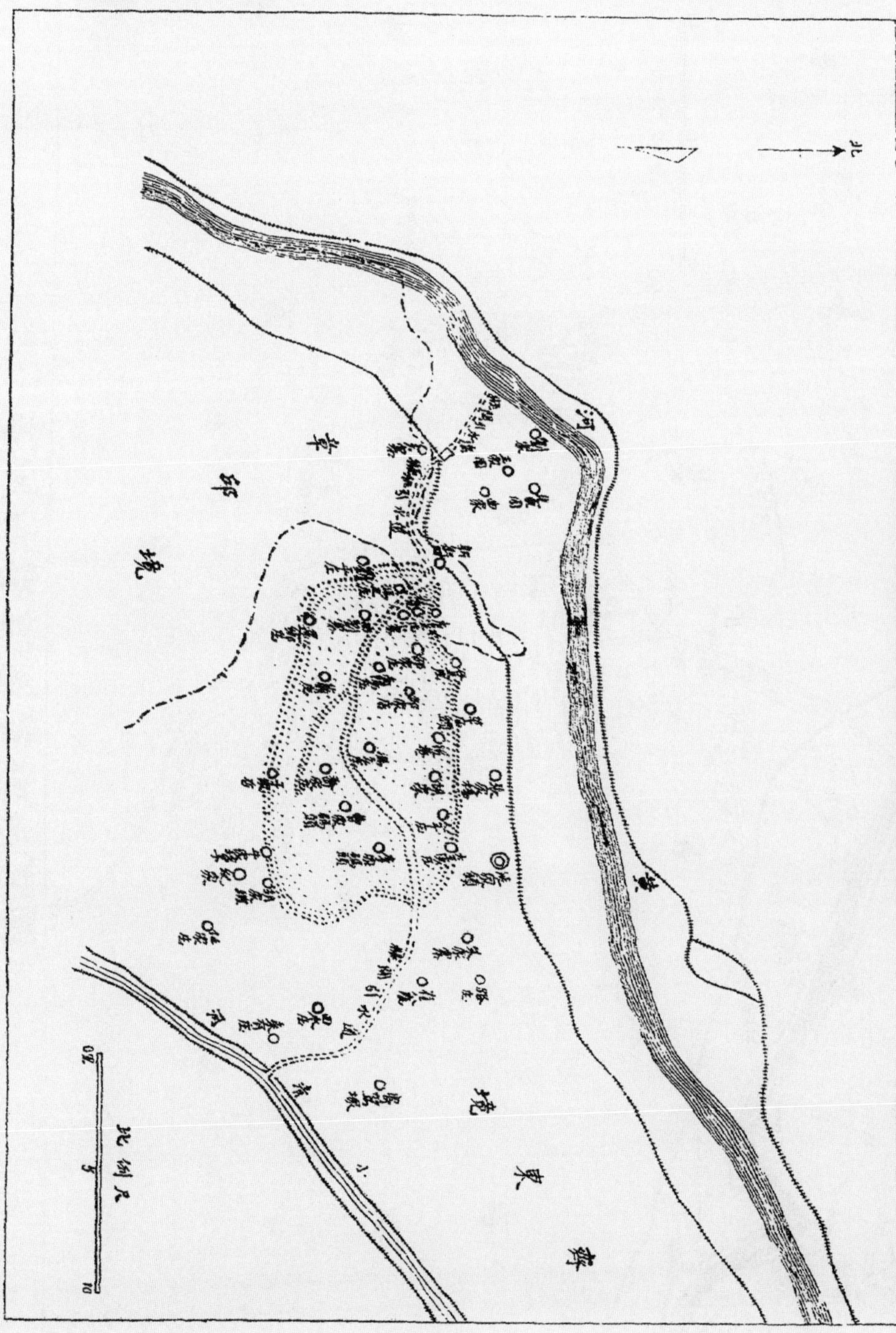

東阿陳集及周莊城地畧圖

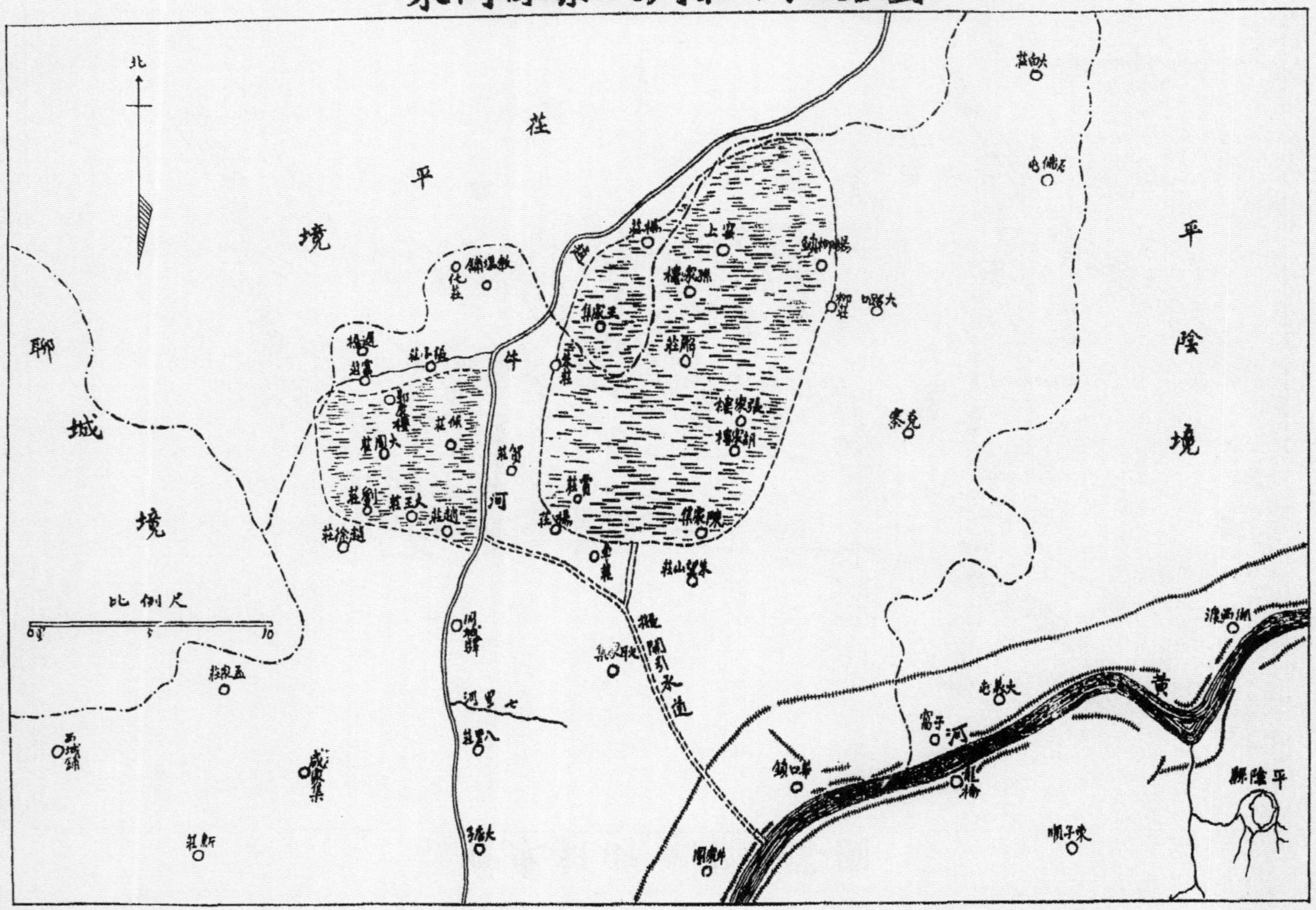

第六圖

惠民劉瓦莊沙地畧圖

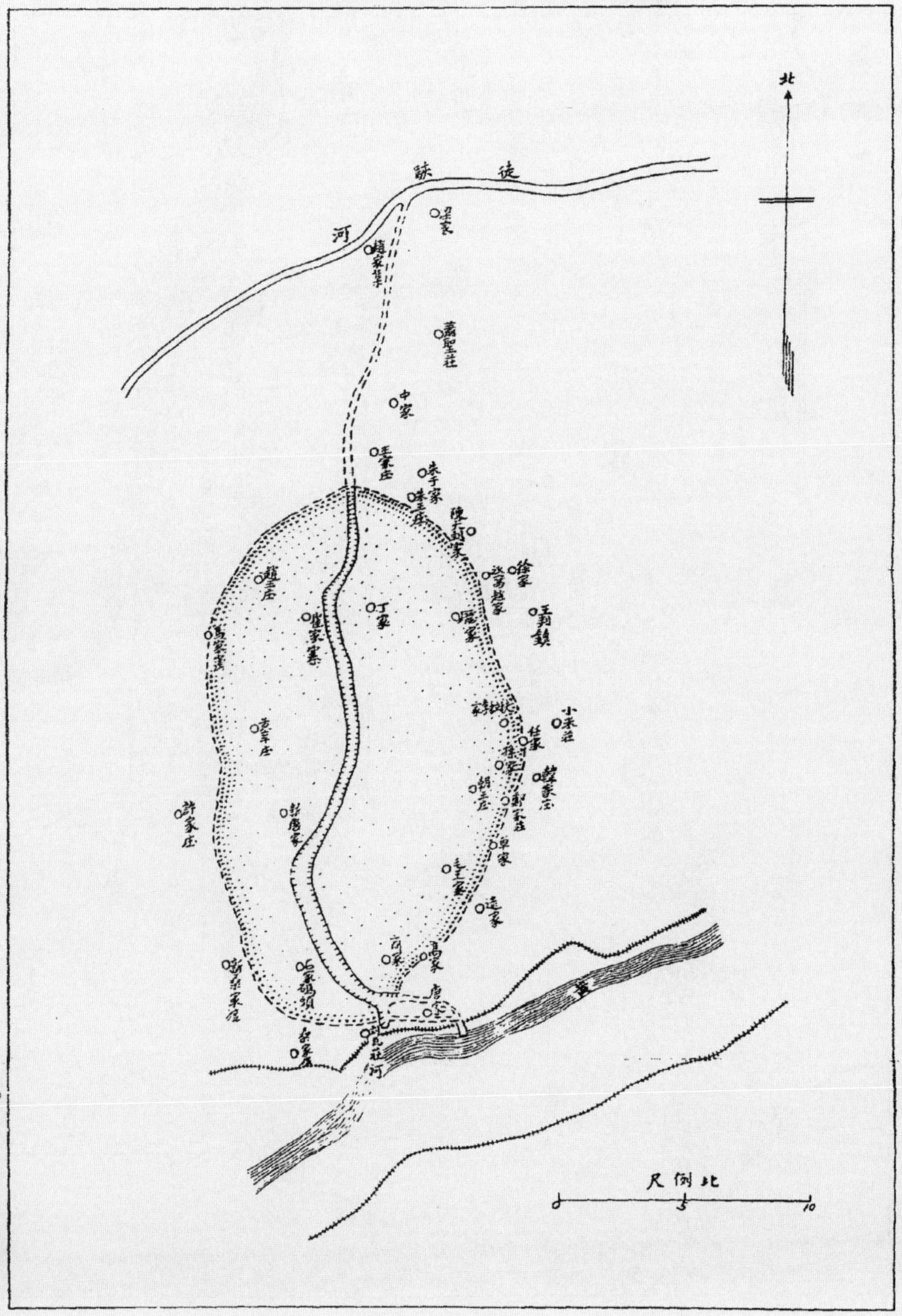

第七圖

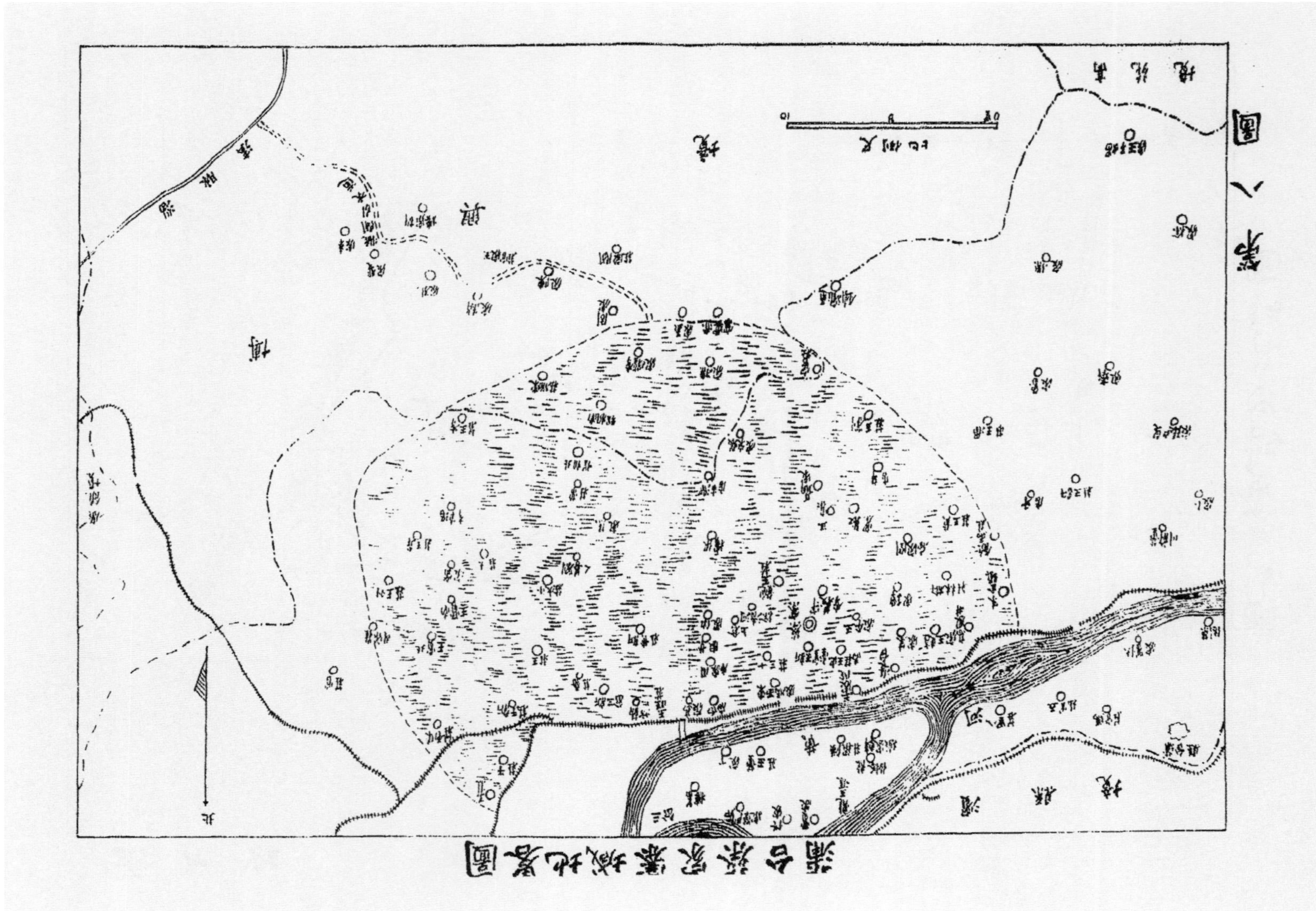
蒲台縣宋家集城地畧圖
第八圖
北
比例尺

第九圖

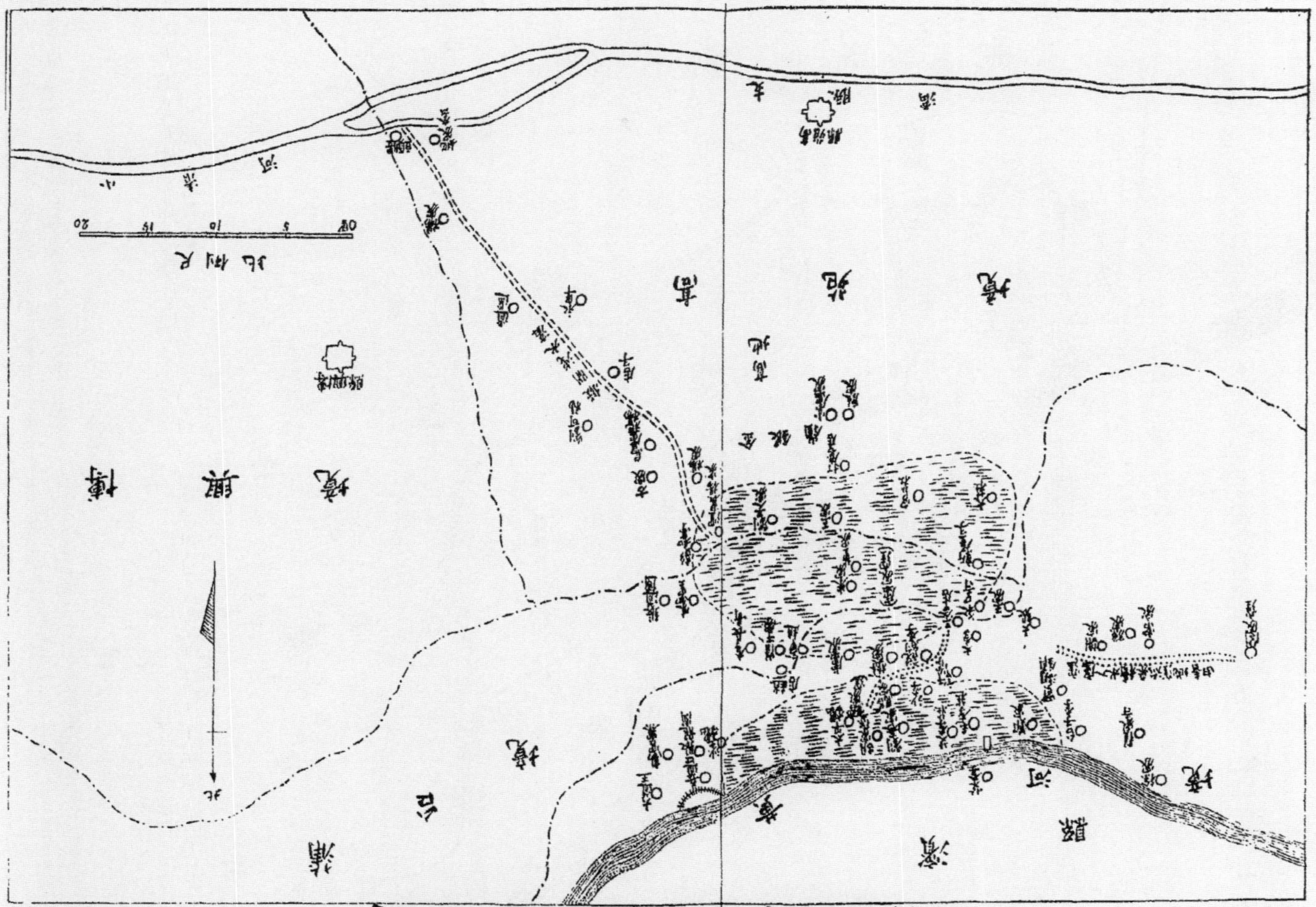

濱縣駱家窪及盖窪域地畧圖

范縣左營常樓及羅樓沙城地畧圖

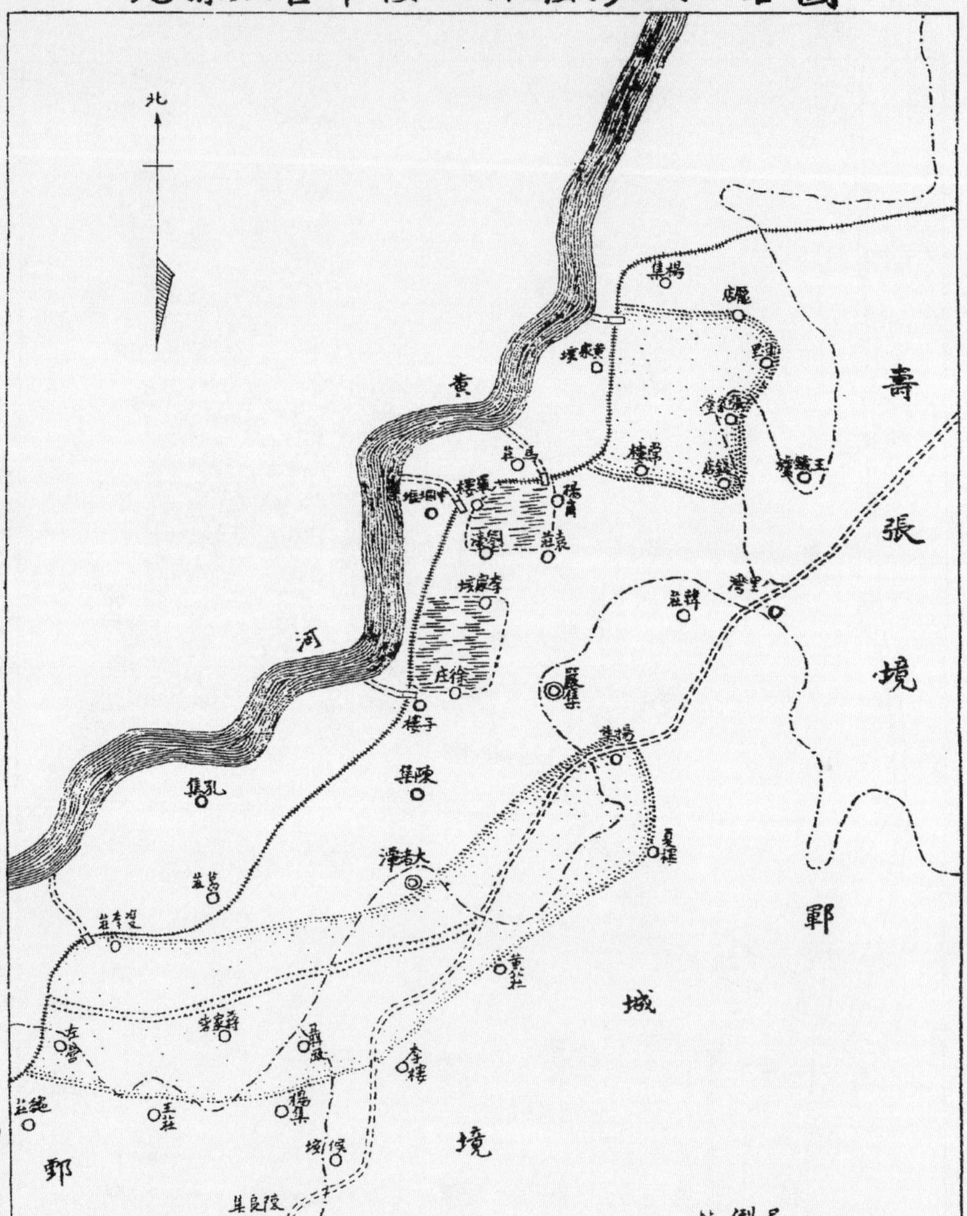

齊東壩河沙地略圖

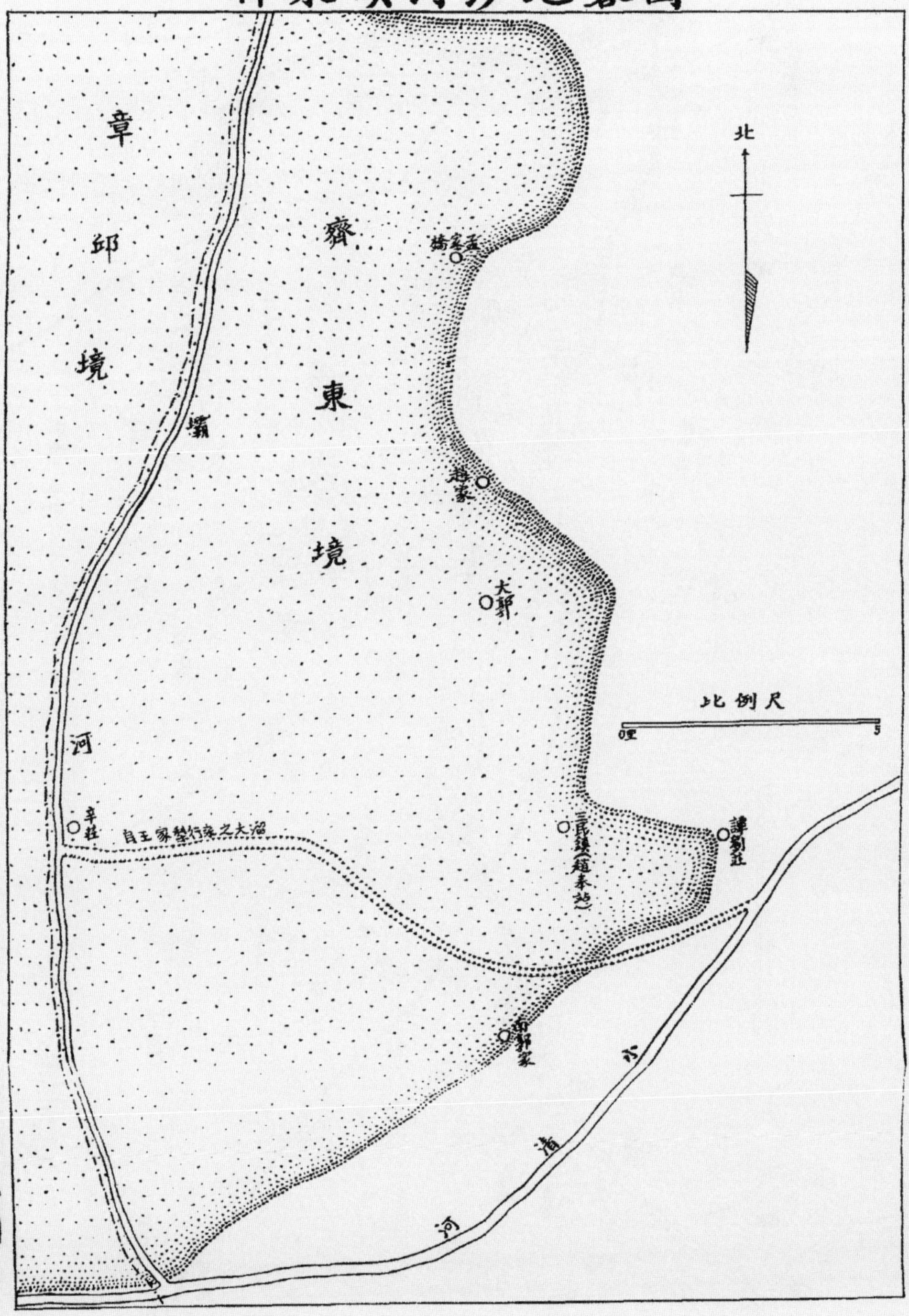

第十一圖

第十三图

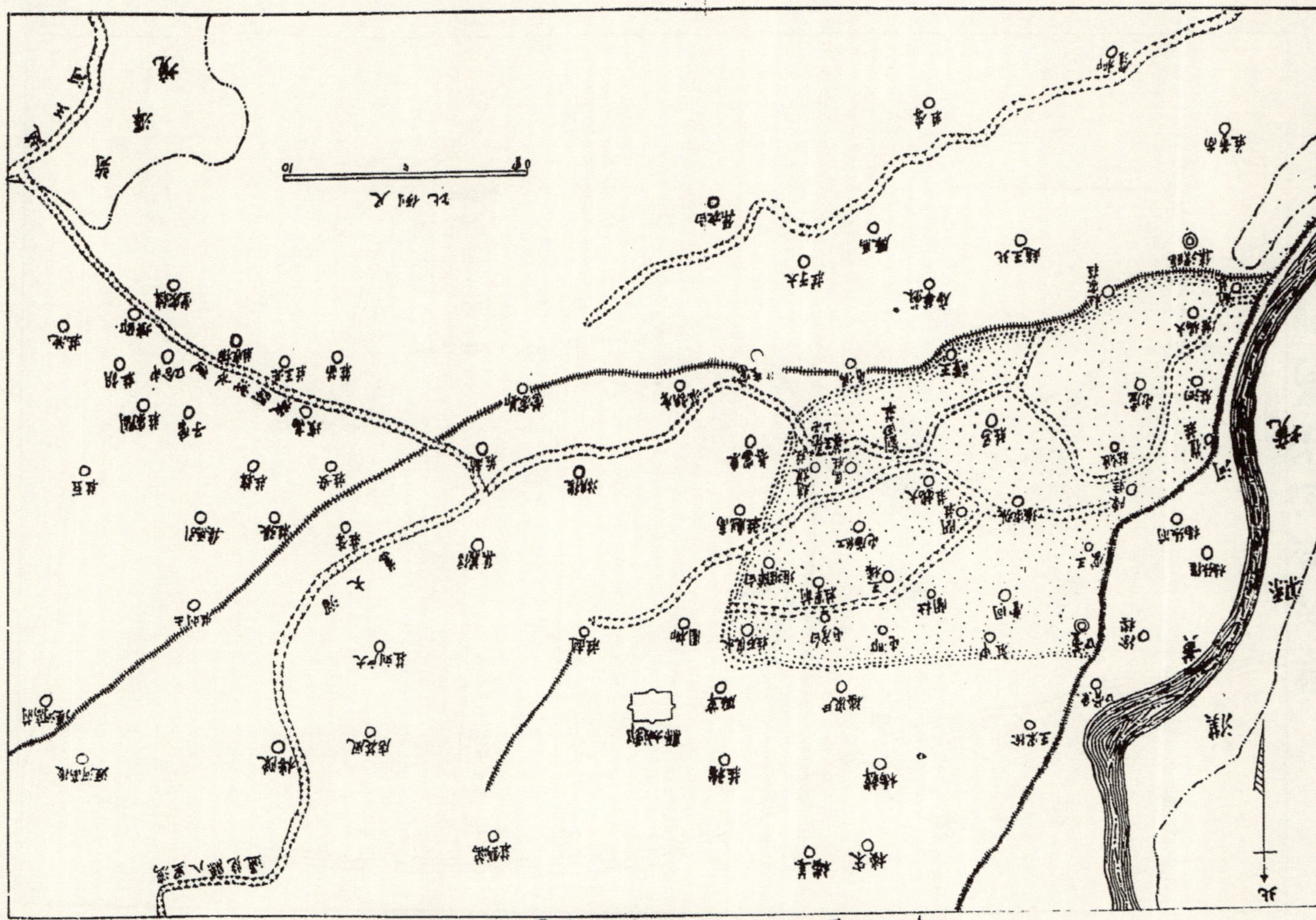

鄄城董口临濮集间沙地略图

惠民南北王莊沙地畧圖

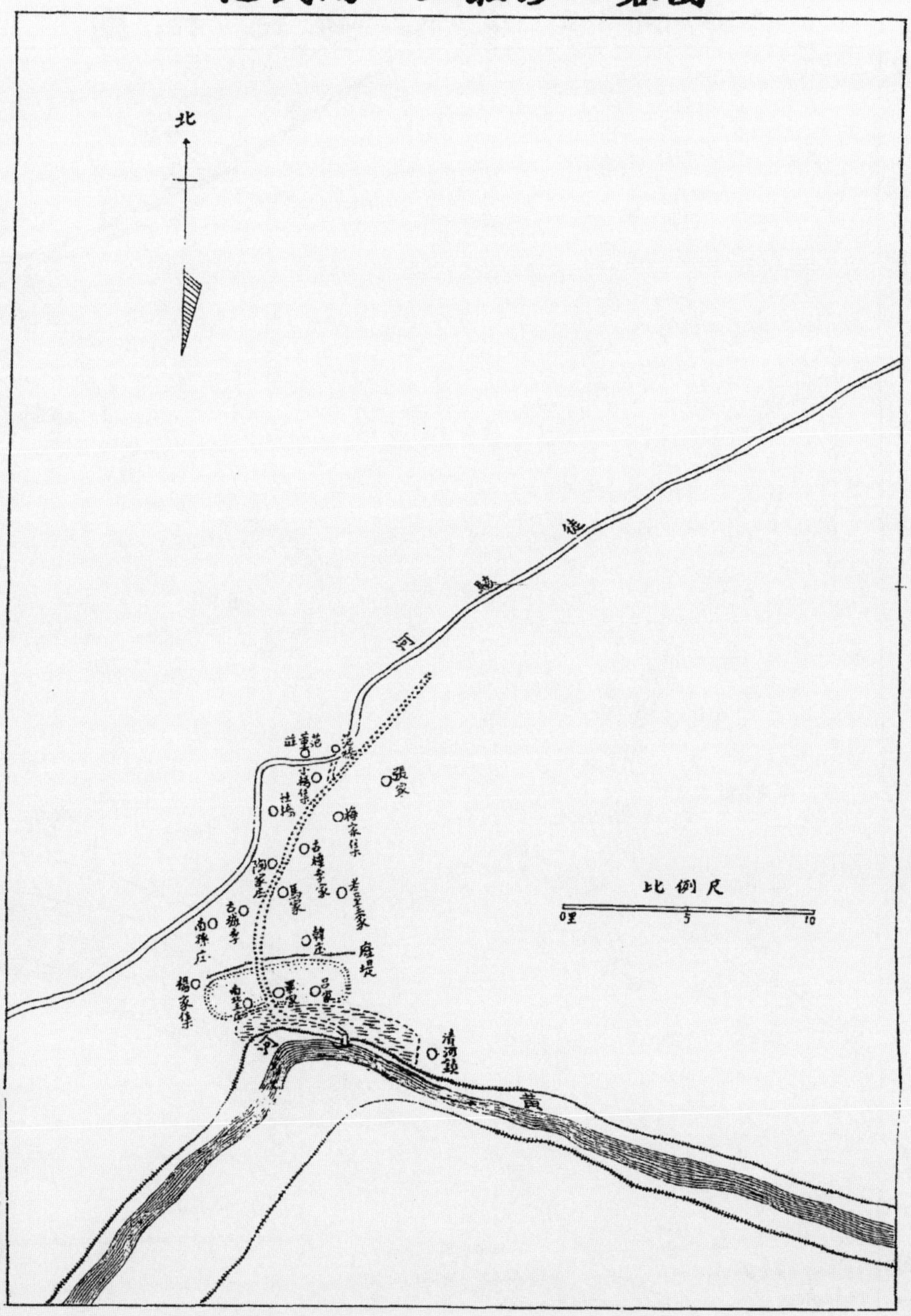

第十三圖

齊河黑家窪沙地略圖

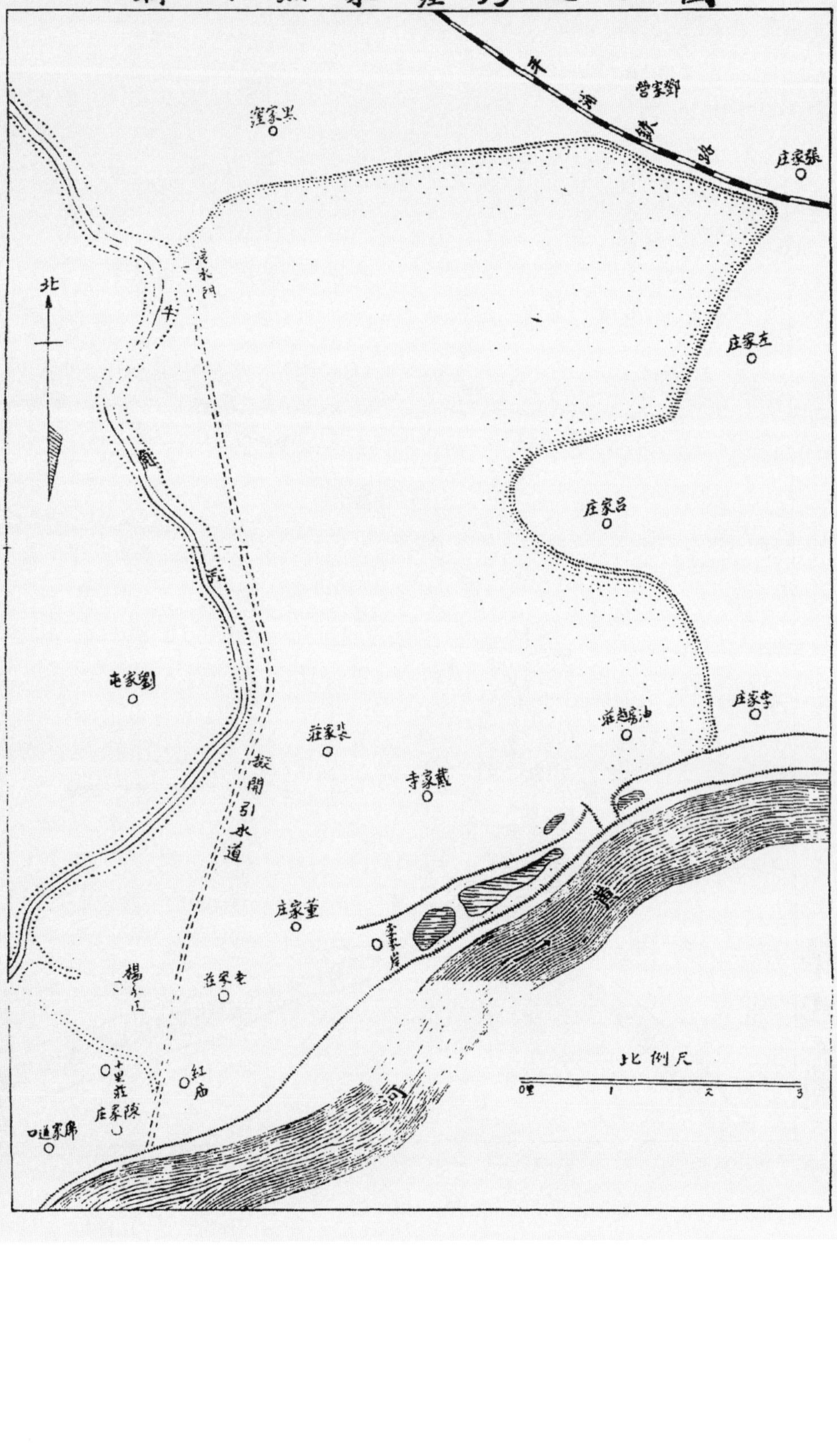

第十四圖

肥城拔貢河城地及劉家營沙地略圖

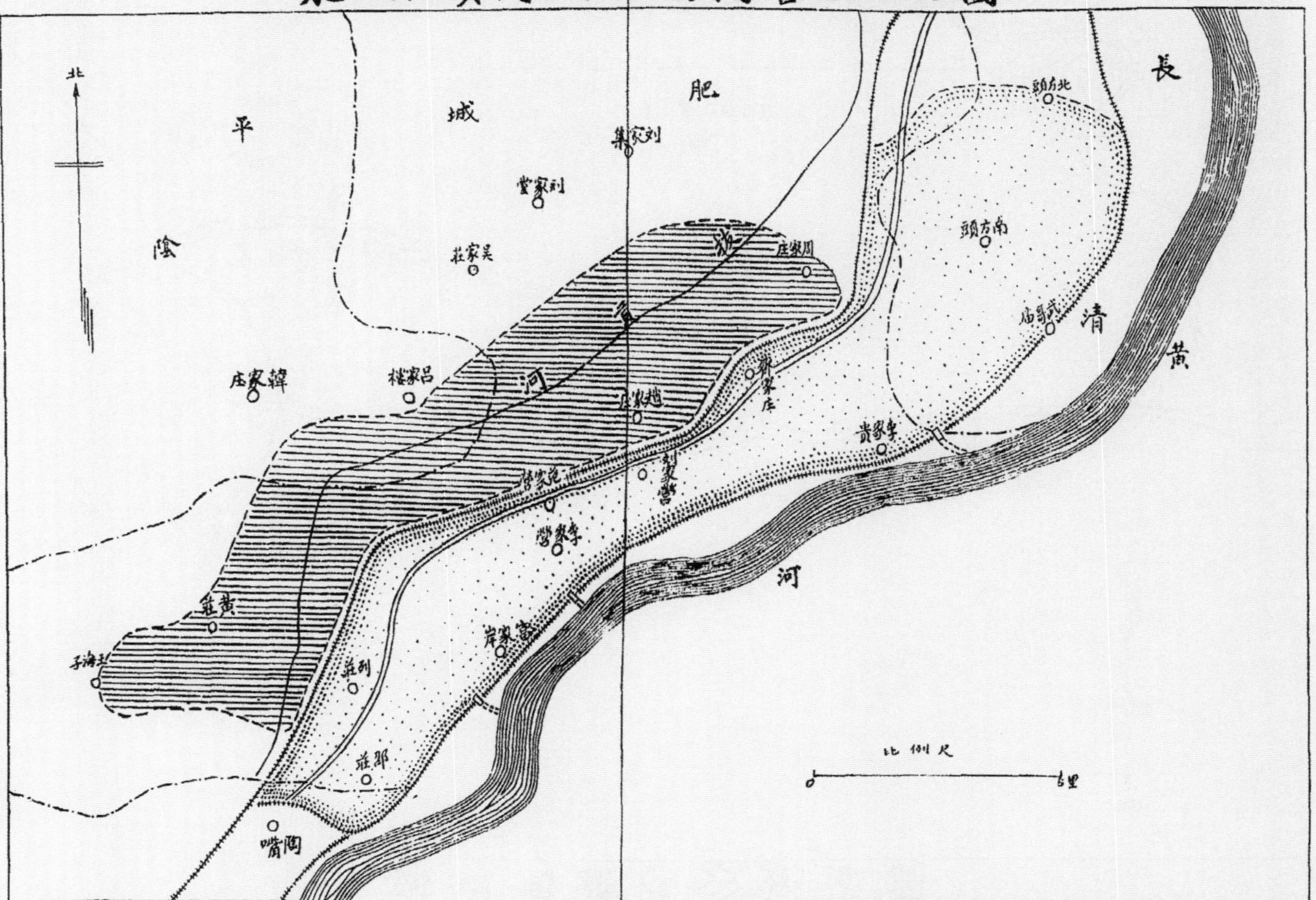

第十五圖

鄆城周橋集沙地畧圖

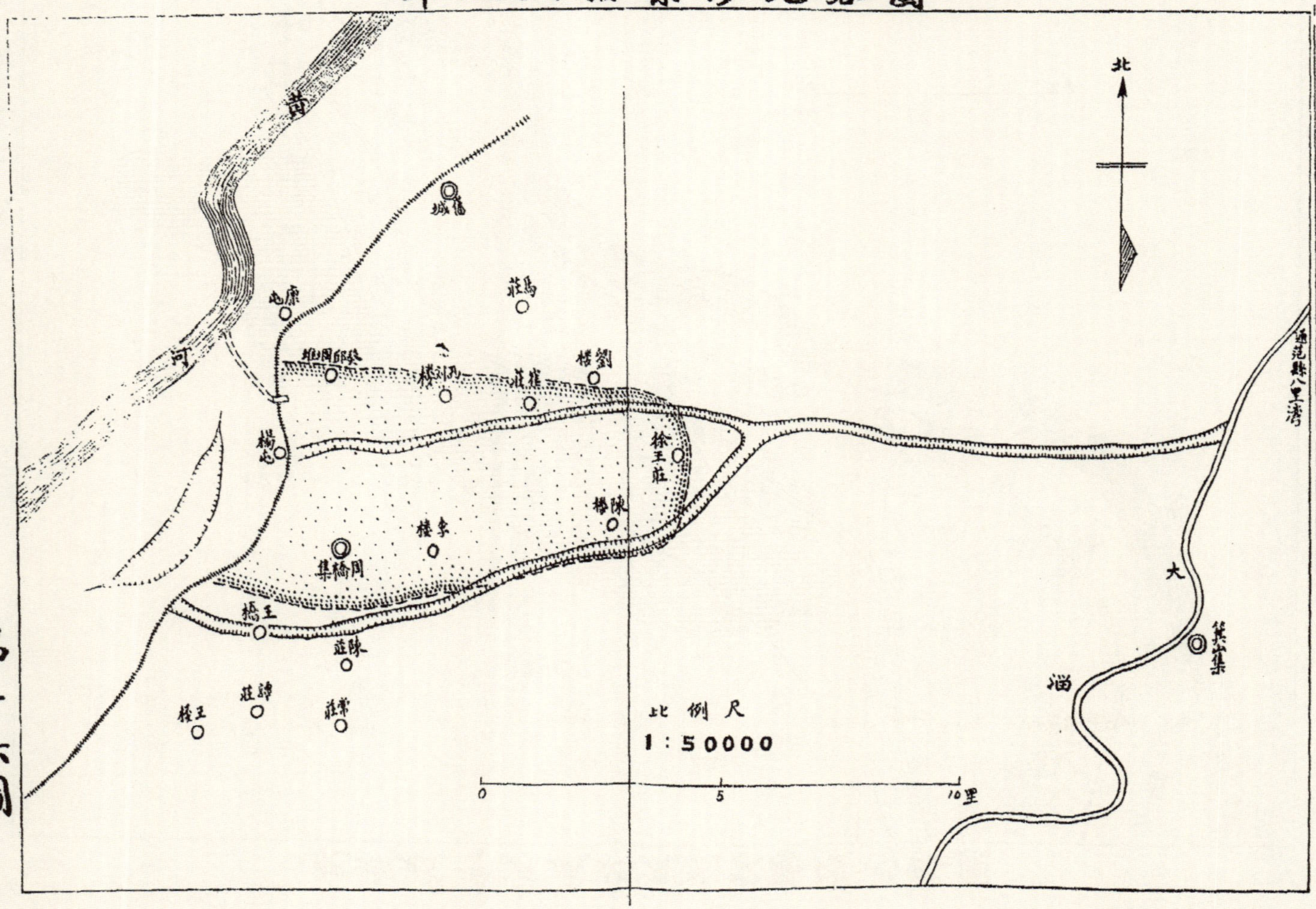

第十六圖

利津宫家莊沙地略圖

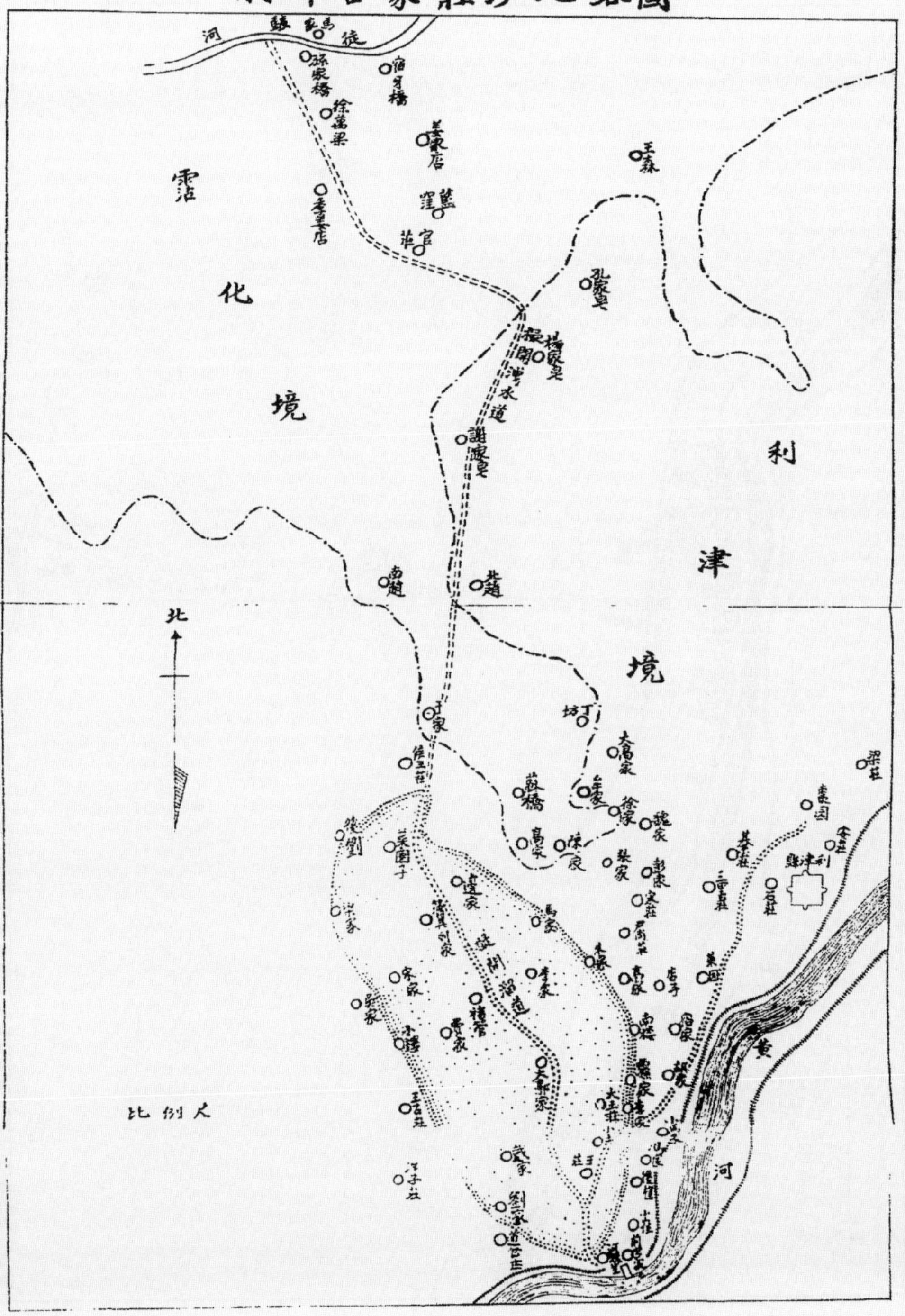

第十七圖

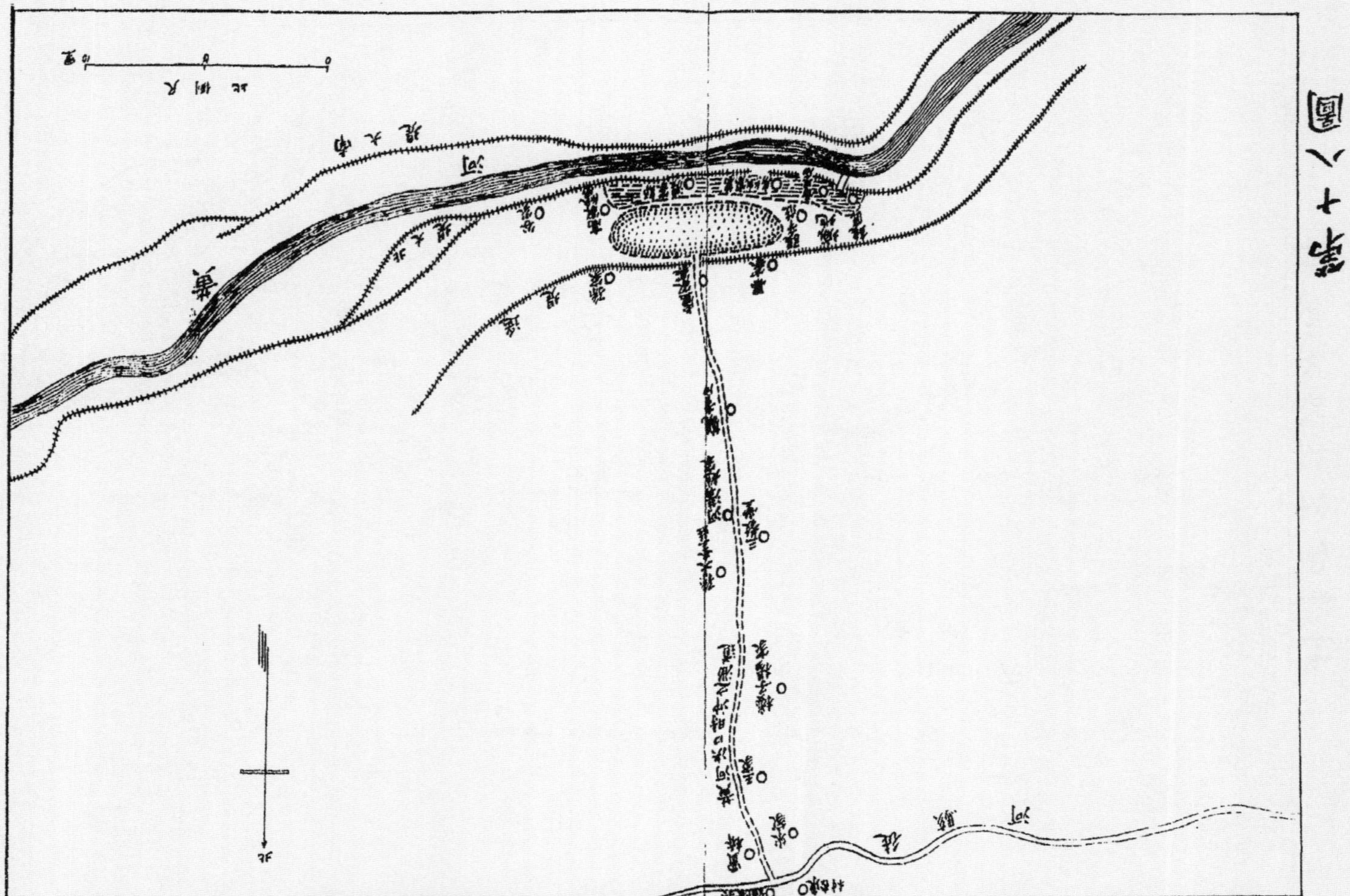

濟陽鐵匠莊沙地及城地略圖

第十八圖

長清董寺城地略圖

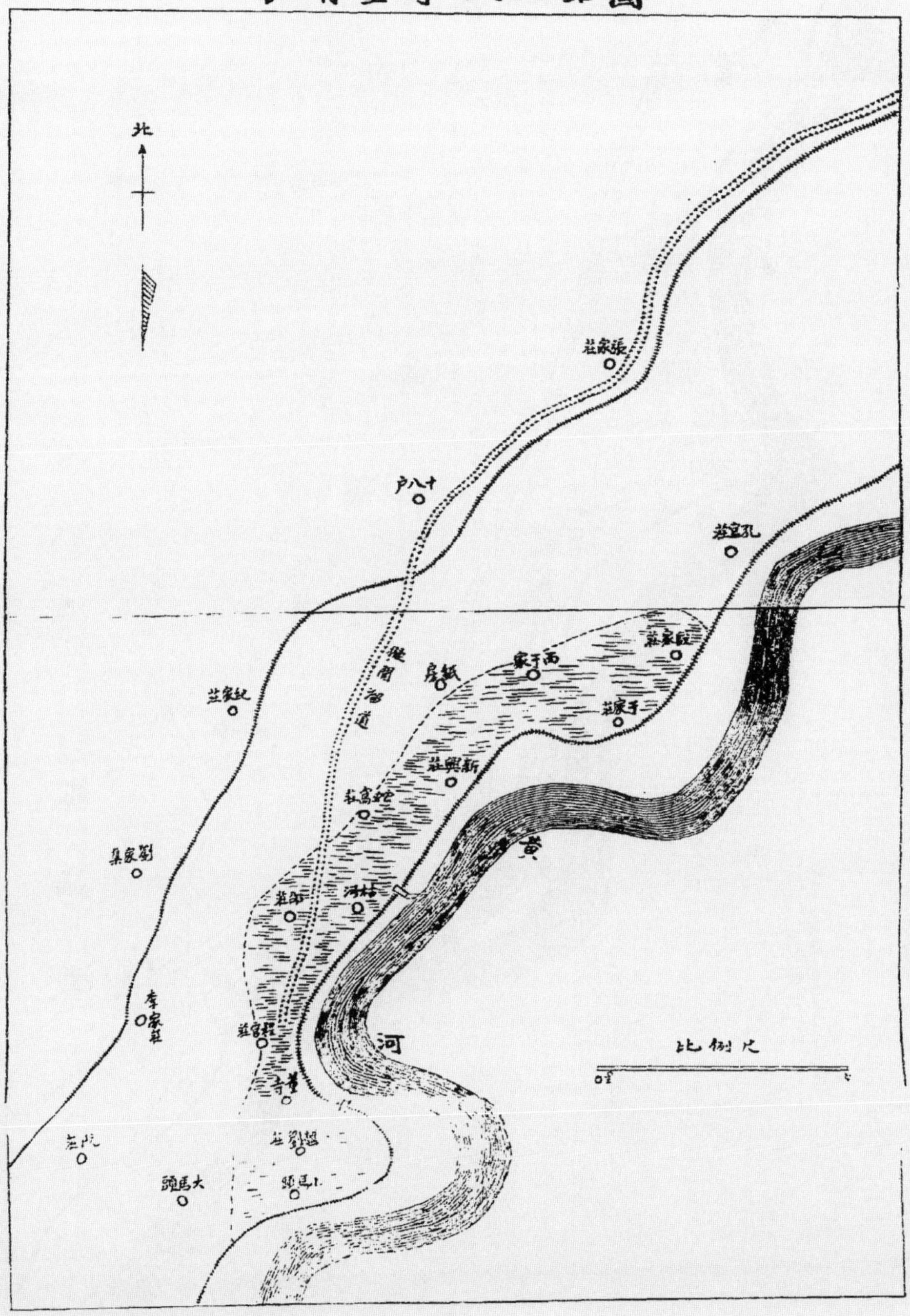

第十九圖

平陰黄渡及康口沙地畧圖

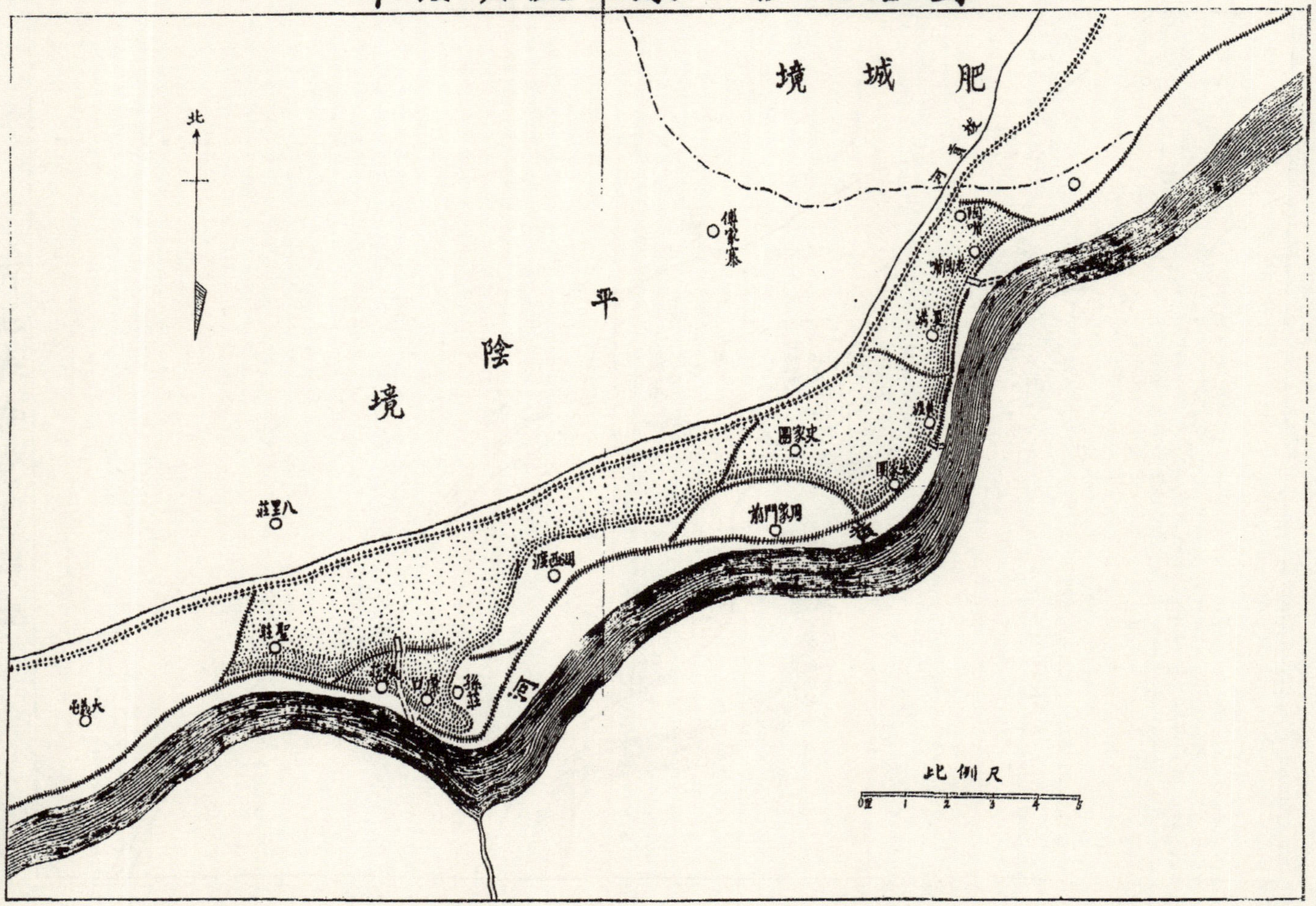

第二十圖

附二

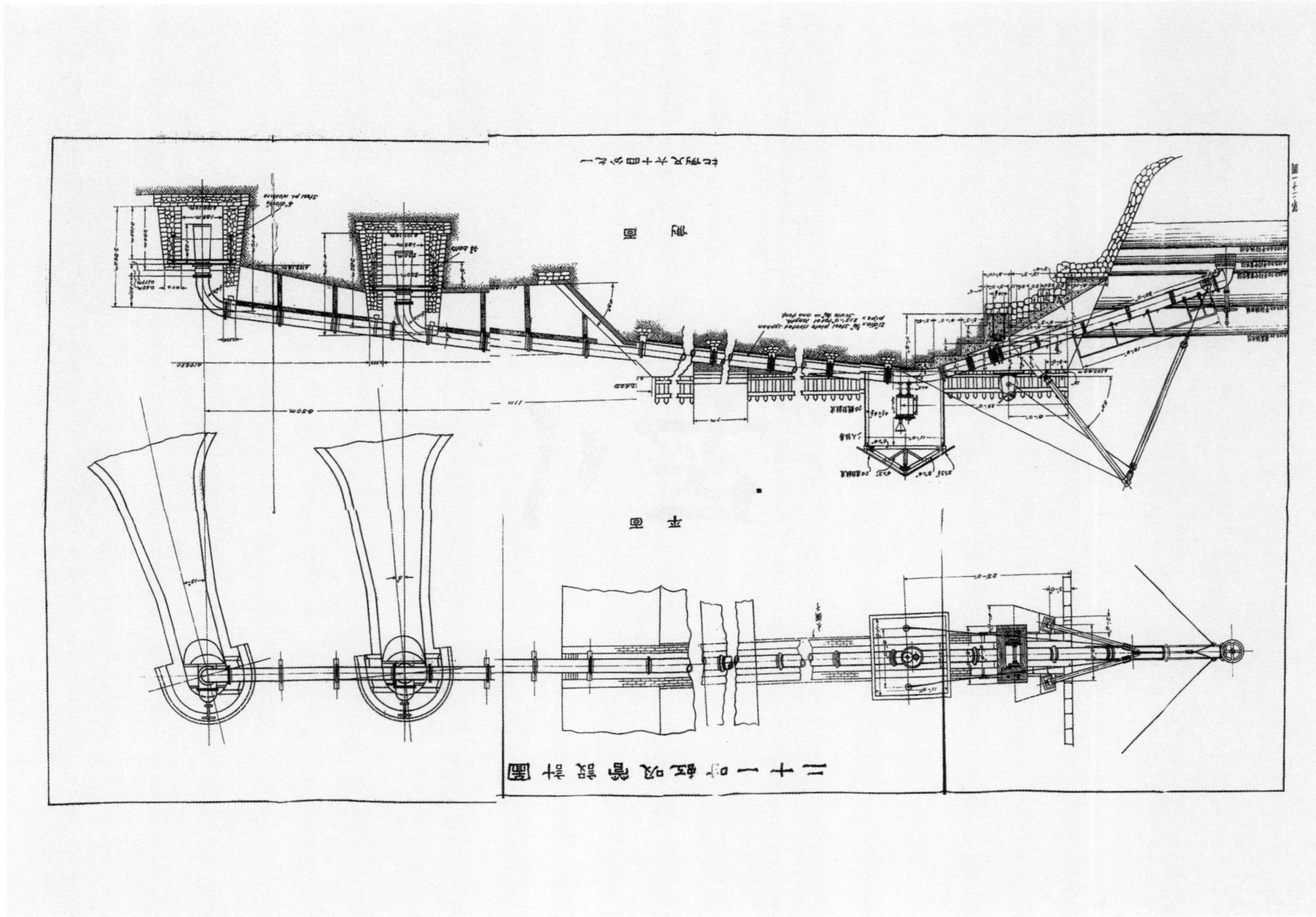
二十一吋缸吸管設計圖
平面
側面
比例尺六十四分之一

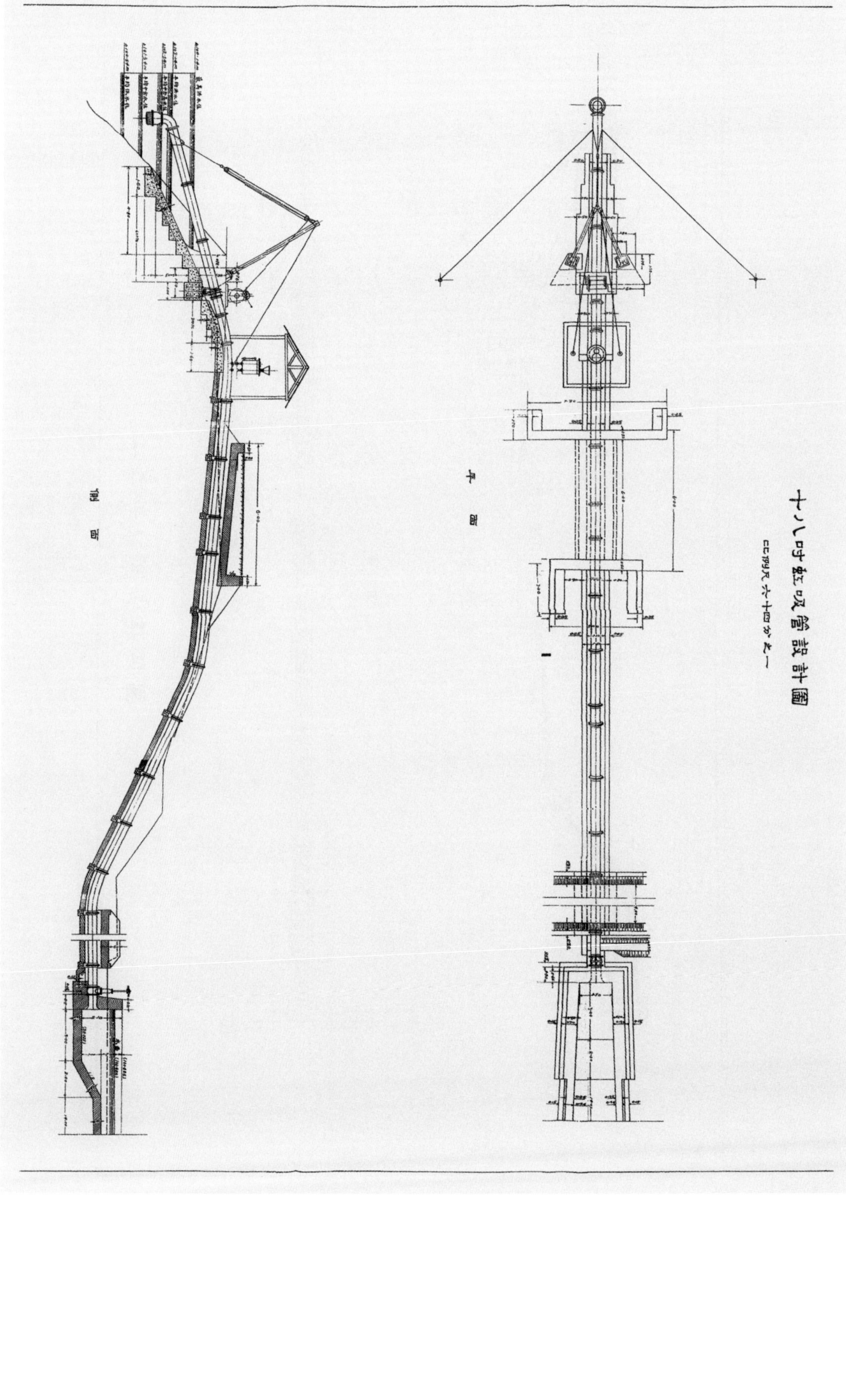

第二十三圖

十四吋缸吸管設計圖

比例尺六十四分之一

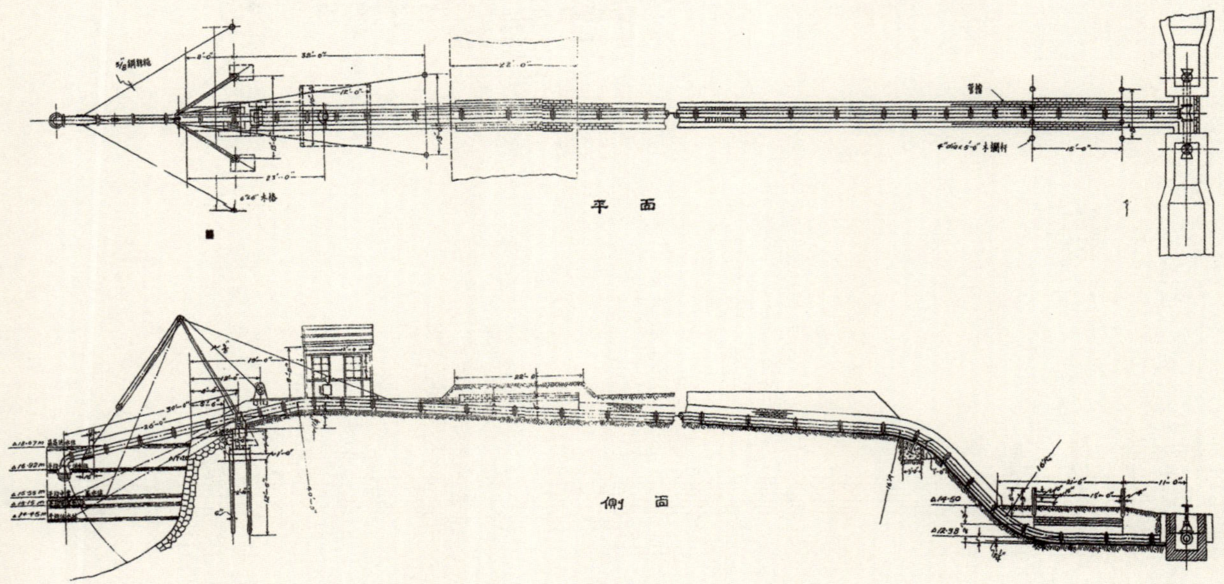

附三

二十一吋虹吸管說明書

（一）二十一吋內徑，十六分之三吋厚，鋼皮虹吸管一組。共長二百一十五呎。所有鋼皮接合處均用燒焊。管子每節長由八呎至十呎。各管子節頭摺邊之接合，須夾橡皮墊圈。管子鋼皮須用上等材料。做工尤須精良。全管各部不得稍透空氣。

（二）鋼皮圓筒空氣室一份。內徑二十七吋。高三十六吋。下端與虹吸管相接處有二吋半及二吋銅水門各一個。上面一邊有漏斗一具，帶三吋二吩銅水門一個。一邊有四吋徑帶銅框圓玻璃窗一孔。室傍有八分之五圓徑玻管測水器一份。鋼皮厚十六分之三吋。做工須精密，不得稍透空氣。

（三）虹吸管節頭摺邊，係用二吋半寬三分厚三角鉄與管端燒焊。所有各管子節頭摺邊，均用八分之五吋螺絲釘。該螺絲釘數目，詳設計圖上。

（四）虹吸管活軸一份。鉚於吸水管上端。能用燒焊法做上更佳。該軸須用買𠇗鋼，不得使用熟鐵。

（五）虹吸管支架一份。係用鉚做。所需之鋼板及三角鐵鉚釘等，須用上等品質。鉚釘鋼必須整齊堅固。而一切螺絲釘之絲扣均須精確。

（六）生鐵支架座須用佳質生鐵鑄成。不得顯有氣泡孔。

（七）一吋二分徑，三十吋長，支架座地螺絲四根。用熟鐵製成絲扣，務要精確。

(八)活接橡皮管一根。長四呎。分內外橡皮二層，中間夾二分徑鋼絲盤簧。其兩端用二吋半寬三分厚三角鐵摺邊與各管接合。

(九)一吋二分徑熟鐵管欄杆一份。鐵管下端，按設計圖上裝置法燒焊於虹吸管上。

(十)虹吸管生鉄進水門一份。做工務須精確，不得透氣。鑄鉄內亦不得少有氣泡孔。

(十一)機器房一間。用木架構成，外護白鐵皮一層。佔地十一呎見方。柱高十一呎。木柱四吋半見方。大樑木料尺寸詳設計圖。惟屋頂內面須釘一吋厚木板一層。外釘二十六號白綫紋鐵皮一層。墙皮亦用白綫紋鐵。墻之左右二面，各有三十吋見方窗戶一孔、附安玻璃

(十二)起重架生鐵基座二份。每份帶一吋徑三尺長買而鋼地基螺絲四根

(十三)起重架生鉄底脚，帶買而鋼軸共計二份。做法詳設計圖。

(十四)起重架美松木柱二根，橫斷面八吋見方。長十八呎四吋。

(十五)起重架生鉄頂二份。所有軸孔及釘孔，均須規則精細。

(十六)起重架生鉄頂買而鋼横軸一份。其做法呎吋詳設計圖。

(十七)滑車一份。上下各一套。該滑車框架須用買而鋼料。滑輪用生鉄。所有螺絲冊均備鏈釘，以免退鬆。

(十八)滑車上環一份。用上品熟鉄做成。

(十九)滑車下環一份。用買而鋼精細製造

(二十)手搖起重機一架。起重一噸。帶美松木座板一付，及六分徑三呎六吋長熟鉄地基螺絲四根。做法照圖。

(二十一)六吩四柱上等鋼絲繩兩根。各長七呎。(吊虹吸管活動部份用)兩端各帶熟鐵箍圈一個。做法照圖。

(二十二)七吩四柱上等鋼絲繩兩根。(拉起重木架用)長三十四呎。兩端各帶熟鐵箍圈一個。做法照圖。

(二十三)三吩半（$\frac{7}{16}$）四柱上等鋼絲繩一根。(起重機用)長一百五十呎。一端帶熟鐵箍圈一個。

(二十四)四吩四徑鋼絲繩二根。各長六呎。(平衡活動管用)

(二十五)八吋四徑木棒二根。(拴四吩四徑鋼絲繩用)

(二十六)二十一吋內徑生鐵三通一份。做法照圖。不得鑄有氣泡孔。

(二十七)二十一吋內徑生鐵灣管一份。做法照圖。亦不得鑄有氣泡孔。

(二十八)五吋美松木架五座高十二呎。做法照圖。

(二十九)二十一吋內徑生鐵水門二份附帶一切螺絲釘。生鐵須用上等品質。不得鑄有氣泡孔。做法照圖。

(三十)鋼皮出水門喇叭管口二份。上口內徑二十一吋，下口內徑三十吋。五呎高。連帶螺絲釘。吩半（3/16）管皮用燒焊接合。不得漏透空氣。

（三十一）每呎重量十四、七五磅槽鐵四根。高七吋。長九呎六吋。（架生鐵水門用）做法照圖。

（三十二）六吩四徑熟鐵地基螺絲八根。長三尺四吋。帶二吩厚四吋見方墊圈八個。

（三十三）管槽用洋灰砌磚做底。木欄杆及混凝土座基等數量及做法，詳設計圖。混凝土成分爲一、二、四。

（三十四）所有一切機件，除虹吸管先上紅色鉛油一次，再上灰色鉛油二次外，其餘均上灰色鉛油二次。惟出水方面虹吸管木架，埋入地內之部分，須上臭油二次。

（三十五）二人手搬水泵一份。進水管徑二吋半。出水管徑二吋。帶二吋半橡皮進水管一根，長二十五呎。二吋帆布管一根，長一百呎。計分二節。所有應配之黃銅接口及搬手，均須配合。進水管帶蓮蓬頭一個。

虹吸淤田工程計劃勘誤表

名稱	頁數	行數	誤	正
總目錄	2	三	各種(贴)吸管水頭	各種(虹)吸管水頭
同上	5	六	臨濮集間沙(域)地路圖	臨濮集間沙地路圖
虹吸淤田工程計劃第一表	三	一二	黃河不均泥沙含容(流)百分數	黃河平均泥沙含容(量)百分數
同上	三	一三	4(2)	4(6)
虹吸淤田工程計劃第二表	六	一一	(日)別	(風速)別
同上	六	一二	(均不)風速，(6)•4	(平均)風速，(1)•4
虹吸淤田工程計劃	七	一	在此(五)年	在此(六)年
同上	七	三	風力之大小(　)	風力之大小(及時期)
同上	七	八	共利有(四)	共利有(三)
同上	八	五	二•八(三)公尺	二•八(四)公尺
同上	八	一二	(f)＝0•5	(f_o)＝0•5
同上第四表		一	各種(泉)吸管水頭	各種(虹)吸管水頭
同上第四表		二	管(號)呎數	管(徑)呎數
同上第四表		三	127，2(2)0	127，2(0)0
虹吸淤田工程計劃	九	四	五(•)一公尺	五一公尺
同上第五表	九	二	每(什)價值以元計	每(組)價值以元計
同上第五表	九	三	16，000，00 12，000，00	16，000•00 12，000•00
虹吸淤田工程計劃	一〇	一二	水(流)盡量的流用了(就)	水(就)盡量的流用了。
同上	一一	一七	分爲六(頃)	分爲六(項)
同上	一三	一一	管子說承荷的重就有。六千…	管子說，承荷的重就有六千…
同上	一三	一四	法蘭(Flan;e)	法蘭(Flange)
同上	一五	六	合時不時	合時不(合)時
同上	一五	一二	二，八(三)公尺	二•八四公尺
同上	一五	一、六	池(量)坡度流用去	池，子裏順着渠道水面，坡度流用去
同上	一六	一	(子裏順着渠道的水)這樣，	(　)這樣，
同上	一七	九	印度工(　)師的，	印度工(程)師的
同上	二一	一二	兩方(進面)行	兩方(面進)行
淤田工程初步計劃調查表	1	六	屢(　)派員	屢(次)派員
第七表	14	七	較中常水位(高)四五尺	較中常水位(低)四五尺
第八表	17	六	九十七萬元(　)	九十七萬(二千元)
第十表	21	六	(第九表)	查該處良田每年每畝約收十元設淤成之田以此計算則該城地每年每畝可增收七元總計五百四十頃每年可增收三十七萬八千元
第十一表	22	一	左營(城)地	左營(沙)地
同上	22	三	南至(左營)	南至(李樓)
同上	23	一	該沙(河)距河甚近	該沙(地)距河甚近
第十九表	30	六	增收(一百零八萬元)	增收(十萬八千元)
第二十五表	51	六	(西)成之田	(淤)成之田
第二十六表	52	一	羅樓(沙)地	羅樓(城)地
同上	53	六	距城地(無)四五里	距城地(約)四五里
虹吸地点圖			(67)，(25)濱縣竪家口城地及沙地	(6，7)，及(25)濱縣竪家口城地及沙地　係調查表及圖未列入
二十一吋虹吸管說明書	二七	一三	鉚釘(鋼)	鉚釘(頭)
同上	二八	一二	共做法(呎吋)洋設計(満)	共做法(尺度)洋設計(圖)
同上	二八	一六	滑(承)下環一份	滑(車)下環一份
同上	二九	一	及六(分)徑三呎六吋長	及六(吋)徑三呎六吋長
同上	二九	三	六吋圓(柱)	六吋圓(徑)
同上	二九	五	七吋圓(柱)	七吋圓(徑)
同上	二九	七	(7 61)圓(柱)	(7 61)圓(徑)
同上	二九	九	鋼絲繩二根(各長六呎)	鋼絲繩二根(　)

中華民國二十五年四月

山東董莊黃河堵口工程

合龍周紀念報告書

民國二十三年十月

黄河中游調查報告

華北水利委員會編印

民國二十二年本會應太原經濟建設委員會之邀，派正工程師王華棠工程師劉錫彤副工程師吳樹德視查黃河中游。六月六日離津，由平綏路至包頭，循陸路視查河套，抵寧夏後，歸途乘舟順流調查黃河，至河曲登陸，轉太原於八月十日返津。就視查所得，編爲報告。承北洋工學院譚錫疇教授撰地質概略一章，地質調查所曾世英先生以精確地圖見借，並此誌謝。

黃河中游調查報告目錄

第一章　緒言

黃河爲四瀆之一，自星宿海至山東利津入海，蜿蜒數千里。蘭州以上爲上游，奔騰峽谷，舟楫杜絕。蘭州武陟之間爲中游，寧夏河套一帶，流勢平緩，航行稱便，引渠灌溉，爲利尤溥，故能土地肥沃，帆檣如織，雖偶有洪害，惟以地曠人稀，未見大災，「黃河百害，惟富一套，」及「天下黃河富甯夏」之諺，由來久矣。及由河曲入塞，爲山陝間天然省界，兩岸峭巖逼束，水流悍急，難以航行。至河津陝縣，水流漸緩，舟楫復通。凡此以上，皆安瀾也。自武陟以下，是爲下游，陡落平原，輾轉狂奔，氾濫時頻，河身迭變，爲患之烈，舉世無兩，歷代經濟財力之耗費於此者，蓋不可以數計矣。

黃河之治理，係一整個問題，其上中游之確實情形，年來漸爲國人所注意。更以東北淪陷後，開發西北，刻不容緩，黃河中游之水利，自應加以擴充及整理，藉收桑榆之效，以挽狂瀾於萬一。則現時調查工作，即係開發西北之先聲，其爲重要，自不待言。此次調查甯夏至河曲一段，實全河水利精華之所在，原擬乘淺水時期，視查航運情形，不意西北消息，極不靈通，凡事先所查詢者，均未能與事實相符，致不克照原定計畫進行。旅途艱險，殊多遲滯，雖往返共需兩月，而視查黃河，爲期實僅十四日。又以適値高水時期，流勢猛急，因缺乏設備，致流量亦未克施測，雖屬無可奈何，究覺不無遺憾。玆書所載，自知不免簡陋，倘異日得作較詳之考察研究，固所願也。

第二章　河道現狀

黃河自甘肅入寧夏境。出青銅峽後，當賀蘭山東麓，河流無多曲折，兩岸地勢，開爲一片田疇，是爲寧夏冲積平原。渠道縱橫，自秦漢以迄現在，引水灌溉，土地肥沃，爲西北奧區。橫城在黃河東岸，與寧夏相對，係重要碼頭。河面甚寬，在八〇〇公尺左右。北流經通昌堡清水堡渠口堡等處而至石嘴子。此段河底均係鬆沙，水流散漫，俗稱沙河。河面寬自四〇〇公尺至二〇〇〇公尺不等。東岸紅崖子地方一小段，有紅崖壁立，餘多沙丘，因河流時有變遷，冲刷極易。流速每秒不及一公尺。舟行平穩，無所顧慮也。

黃河泛溢時期之後灘

石嘴子山巖突臨河濱，平原爲之一束。黃河至此入山峽，山不甚高，石中含鐵質，又有炭礦，經土法開採，舟中可望見之。河寬一〇〇至三〇〇公尺，河底石質，俗稱石河。急湍奔流，速度每秒在一·五公尺以上，頭道坎二道坎三道坎歪脖沙等處極爲險隘，舟行經此，咸懷戒心。此段石河約四十五公里，及至河拐子又爲沙河矣。

石嘴子屬平羅縣，爲地理上之要隘。往年商務繁盛，有洋行多家，作

石嘴山黃河形勢

皮毛營業，及民國十六年後均已結束，貨物在此起卸者，已不若以前之繁茂矣。

河拐子以下，水流漸緩，直至磴口，無大變化。東岸較高，西岸僅磴口附近有沙丘，餘概低平，河灘淤地有已開墾者，惟面積甚小。過磴口後東岸崖高數丈，西岸則多沙梁，迄渡口堂綿亙不絕。以下則入後套區域。

磴口以北河岸之沙漠

磴口原屬阿拉善旗，當黃河左岸，舟楫停泊，頗稱便利。輸出貨物如各種藥材及吉蘭泰池之鹽，輸入貨物如洋廣雜貨等，均以此爲上下碼頭。自民國十六年設治，爲寧綏間之重要關卡。

磴口附近河岸之黃土層

磴口以北左岸在阿拉善額魯特旗之傳家灣，爲黃河故道之口。當年河道，即今之烏加河，循狼山(即大青山)之南，跨伊克昭盟之達拉特旗杭錦旗以及烏蘭察布盟之東西中三公旗地，東西綿亙七百餘里，形如弓背，與黃河今道相距最遠處達一百公里，因所經地帶，沙山橫亙，以致淤塞斷續，早失舊觀，其下游已於道光中葉淤斷，不與今之大河相通矣。

自渡口堂以下，黃河漸轉東流，經後套諸渠口至西山嘴。此段河面寬泛，漫溢甚廣，俗稱破河，言其枝汊分歧，破碎不整也。舟楫行此，最易擱淺，馬米圖土默地兩處尤爲難行。泥沙沈澱，雖正流亦時被壅塞致淺，但其水流較急，仍可於短時間內冲刷積沙，使歸原狀，此等地方，俗稱踹河，亦爲舟行所最忌者也。

臨河縣係于民國十四年設治，跨永濟渠，其貨物運輸，均由之以入黃河，官渠口即永濟渠口也。五原縣之新城即隆興長，跨義和渠，爲包西設治最早之地，商務亦繁，距黃河約四十公里，舟楫航運，可由義合渠直達五原城內。

西山嘴爲黃河故道與今河相合之處，現設稅卡，船隻至此，例須停泊。自此以東，爲三呼灣池帶，係黃河三呼河間之低灘，面積約二千方里，蓋由河水冲積而成。三呼河自西山嘴起，東行至三岔口注入黃河，長約九十公里，三呼灣一帶墾地，賴以灌溉，土質得以腴肥，而地勢西高東下，與黃河水面傾斜相同，亦得天然之利。黃河右岸多沙梁，近岸較低，愈遠愈高，殊難灌溉矣。

河套未經開墾之荒原

三岔口之對面爲昭君墳，僅此河底有石，餘則直達南海子，皆沙泥也。自西山嘴至南海子，兩岸東水歸槽，尚無氾濫情形，舟行亦甚通暢，即俗稱槽河者也。

南海子河面約七百公尺，碼頭在黃河北岸，爲河運與鐵路聯絡之點，距平綏車站甚邇。包頭城在站北數里，商賈輻湊，爲西北重鎮。

南海子以下十餘公里，在平綏路鐙口車站以南，即民生渠口，華洋義振會在此設站，測量黃河水文，已有四年之紀載，黃河中游之水文紀錄，只此而已。四年來之最大流量爲二一二〇秒立方公尺，最大含沙量爲百分之四・四，以與下游相較，似渺乎其小，但其施測時間過短，未足據爲定論。再下至托克托縣之河口鎮，有大黑河注入之。

民生渠口至河口鎮間，雖係沙河而水流穩暢，兩岸村落居民，每圍村築堤以防洪水。李三河係黃河一小段分流，極便舟行。附近畜牧漸繁，林木蓊蔚，且有鹽廠多家，亦非復荒塞景象矣。

大黑河，即土爾根河，古名芒干水。源出綏遠陶林縣西南，斜貫歸綏縣南部，北納德布色黑河，西流繞哲爾德讃多山北麓，西南流經二十家子之西而南，納哲爾德河，折西流經歸化城南而西，納小黑河，復西南流至托縣之東北，納黃水河，又西南至河口鎮入黃河。全流長約一五〇公里。沿河流域資水灌溉，尚稱肥沃，其水文情形，據前人估計，含沙量約百分之二，洪水流量約三〇〇秒立方公尺，或與實在情形相差不遠也。

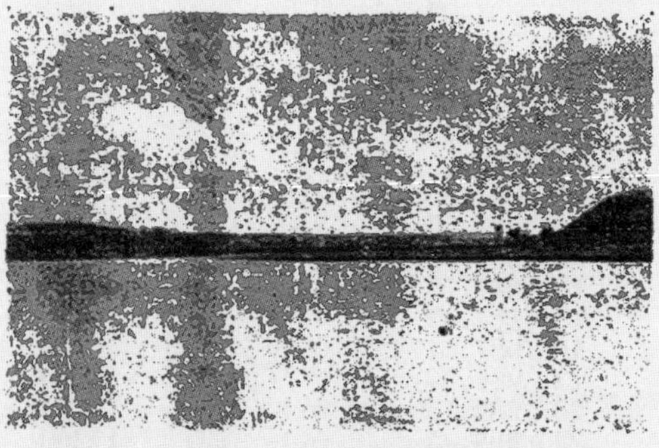

自河口鎮以下河身漸爲山峽所束

黃河自河口鎮南折，漸入山峽，及喇嘛灣以下，完全石河，峽谷巉深，水流逼狹，比之美國科羅拉多著名峽谷，雖深有不及而形勢實同。紅河自左岸注入，每當洪水時期，狂流奔騍，挾帶巨量泥沙，舟楫爲之斷絶。此外兩旁山谷間復多小支流，亦爲泥沙之來源。考紅河上源曰烏蘭木倫河，

綏遠薩縣民生渠口黃河水位流量及含沙量表

年	月	日	水位（公尺）	含沙量百分數（以重量計）	河水流量（秒立方公尺）	含沙量（秒立方公尺）
1930	4	8	987.30	0.16	300	0.6
		23	987.52	0.36	540	2.4
	5	30	988.01	0.53	1,020	6.7
	6	15	987.89	0.33	840	3.4
		17	987.93	0.42	950	5.0
		19	987.89	0.32	840	3.4
		21	987.85	0.33	800	3.3
		23	987.82	0.36	780	3.5
1931	8	5	988.68	0.61	1,800	13.7
		9	988.77	0.64	1,850	14.8
		11	988.70	0.81	1,760	17.8
		13	988.66	0.75	1,740	16.4
		15	988.52	0.65	1,500	12.1
		19	988.54	0.77	1,540	14.8
		22	988.38	0.90	1,400	15.7
		25	988.52	1.19	1,540	22.9
	9	2	988.84	1.28	2,120	33.9
		4	988.75	0.54	2,000	16.0
		6	988.59	0.75	1,650	15.5
		11	988.43	0.59	1,430	10.6
		14	988.40	0.48	1,410	8.5
		17	988.39	0.57	1,400	9.9
		19	988.41	0.53	1,410	9.3
		21	988.38	0.50	1,380	8.7
		24	988.35	0.51	1,350	8.6
		28	988.35	0.47	1,330	7.8
	10	1	988.32	0.54	1,300	8.8
		4	988.26	0.53	1,190	7.9
		7	988.20	0.46	1,110	6.4
		12	988.19	0.45	1,060	5.9
		15	988.09	0.39	950	4.7
		18	988.04	0.33	900	3.7
		21	988.08	0.33	920	3.8
		26	988.10	0.40	1,020	5.1
	11	1	988.09	0.28	1,000	3.5
		5	988.00	0.25	800	2.5
		8	988.01	0.26	810	2.6
1932	4	15	986.90	0.14	320	0.54
		20	986.93	0.13	340	0.5
		25	986.88	0.15	290	0.5
	5	5	986.88	0.25	290	0.9
		12	986.80	0.34	300	1.3
		25	986.56	0.38	270	1.3
	6	4	987.05	0.42	370	1.9
		11	987.06	0.53	380	2.5
		21	987.25	0.71	440	3.9
		29	987.27	0.77	460	4.4
	7	2	987.29	1.05	470	6.2
		10	987.75	1.10	740	10.2
		20	987.92	1.37	860	14.7
1932	8	1	987.63	2.13	650	17.3
		5	987.70	2.07	700	17.5
		8	987.70	4.40	700	38.5
		10	987.76	2.27	740	21.0
		13	987.32	0.63	480	3.8
		18	987.64	0.65	660	5.3
		23	987.93	0.37	900	4.1
	10	20	988.16	0.46	1,100	6.3
		23	988.42	0.45	1,400	7.8
		26	988.36	0.35	1,320	5.8
	11	4	988.02	0.27	960	5.3

注入黃河之泥沙

老牛灣黃河形勢

老牛灣附近之陡巖及山巔之碉堡（其一）

老牛灣附近之陡巖及山巔之碉堡（其二）

關河口黃河形勢

龍口之形勢

亦稱兎毛河，出山西右玉縣東三十里駱駝山下響水溝，西流經縣城北，而西納滄頭河，又北流自殺虎口之西出長城，西折經清水河縣之北，而西注黃河。此下入偏關縣境，水流湍急，河寬二〇〇公尺左右，曲折至多，河底亂石嶙峋，激水成巨浪，俗稱曰圪，以老牛灣爲最著，若在低水時期，河底巨石畢露，舟行急流中，稍有不慎，即易罹險。關河口在河之左岸，係一大鎮，關河源出五眼井堡，西南流至是入河，亦要隘也。龍口一段，亦極驚險，惟無曲折，舟駛較易。出龍口後，山勢頓展，且顯低平，河身亦寬，水流漸穩，再經下楡樹灣，不數里即至河曲矣。

河曲縣在黄河左岸，地勢高出河面三十公尺以上，爲長城要塞之一，自河口鎮抵此，陸路約一〇〇公里，而水路曲折特多，據舟人所云，當在一五〇公里以上。

甯夏河曲間各重要地點之距離及水面高度，就調查所得，列表如左。高度係用氣壓計測得，頗覺可靠。至于距離，則根據地質調查所之一百萬分之一地圖而定。亦似與實數相近也。

地名	起點距（公里）	水面高度（高出海面公尺數）	地名	起點距（公里）	水面高度（高出海面公尺數）
通昌堡	〇	一一五六·七	磴口	一七六	一一二一·〇
羅畔台	二五〇	一〇九六·三	紅牛子灣	二六四	一〇九〇·一
馬米圖渡口	三二〇	一〇七二·〇	嶮湖	三六〇	一〇五〇·〇
打不蘇台	四七三	一〇三二·四	南海子	五三七	一〇二〇·六
三八樹	五七〇	一〇〇三·〇	河口鎮	六五五	九八六·二
源子汕	六八七	九五六·九	河曲	七七〇	八四四·六

甯夏河曲間黄河，顯然可分兩段。河口鎮以上，水勢平穩，河面坡度平均每公里〇·二六公尺。以下則達一·二三公尺。

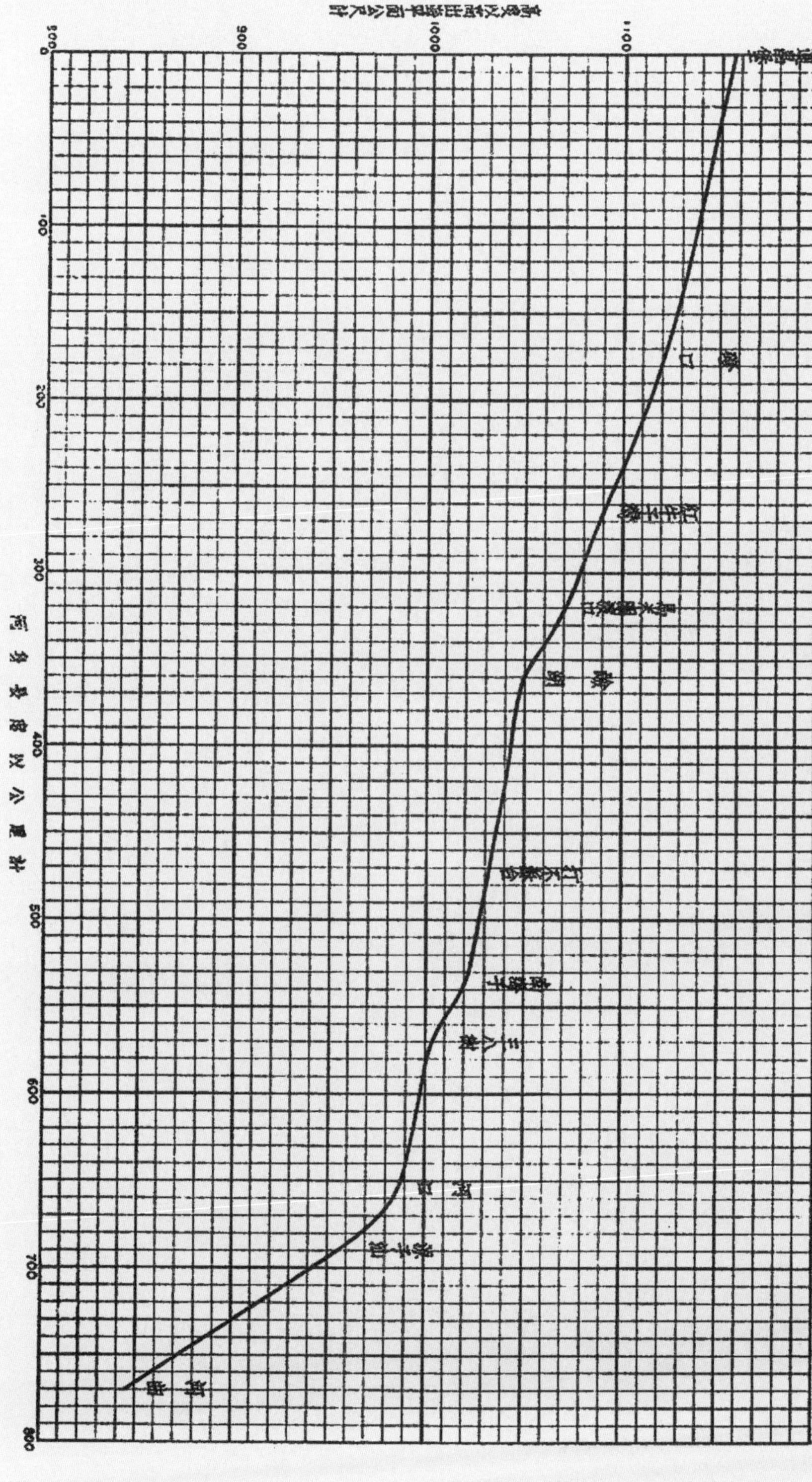

寧夏河曲間黄河縱剖面圖

第三章　灌溉

黃河中游之灌溉，最主要者為寧夏河套民生渠三處，茲分述之。

一、寧夏

寧夏省各渠情況一覽表

渠名	所在地	長度（里）	平均寬（尺）	平均深（尺）	預定灌溉面積（畝）澇年	常年	旱年	歷年灌溉面積（畝）1929	1930	1931	1932
漢延渠	寧夏寧朔	230	45	6	133148	133148	130000	133978	133973	133148	137043
唐徠渠	寧朔平羅	343	50	6.5	217109	217109	210000	217109	217109	217109	209[illegible]57
惠農渠	寧夏平羅	262	40	5.2	116261	116261	110000	119918	117191	116261	107261
大清渠	寧朔	72	16	4.5	22643	22648	22000	22648	22648	22643	22648
昌潤渠	平羅	136	18	4.5	25000	22000	22000	25000	25000	25000	25000
秦渠	靈武	150	22	5	100500	100500	90000	100500	100500	100500	100500
漢渠	金積	150	20	5	7000	7000	6000	7000	7000	7000	7000
七星渠	中衛	140	20	5	90000	90000	80000	96000	96000	96000	96000
美利渠	中衛	120	20	5	100000	100000	90000	100000	100000	100000	100000
天水渠	寧朔	45	12	4	6000	6000	5000	6000	6000	6000	6000

寧夏建設廳新開渠道一覽表

渠名	開口及經過地點	開渠時期	長度（里）	寬度（尺）	深度（尺）	開渠需工	荒地面積（畝）	已領面積（畝）
興業渠	接唐徕渠支流南渠稍延長五十里經洪廣鎮朔二村	1930	50	14	5	9500	60,000	工程尚未完竣故無人承領
第一民生渠	由惠農渠永康閘開口經暢和河西二村	1930	25	8	4	6300	20,000	1,750
第二民生渠	由惠農渠永祥閘開口經李祥通寧通朔三村	1930	30	9	4	7200	20,000	4,400
太子渠	由原渠延長八里至荒地	1931	8	4	3	1600	1,000	750
紹昌渠	由惠農渠開口灌仇家灘地	1931	7	4	3	1500	1,000	500
紹興渠	由惠農渠開口經灌包雷二灘地	1931	7	4	3	1400	2,000	800
龍華渠	由惠農渠通義村開口於昌潤渠架飛槽經通義清水通伏三村	1931	15	6	4	4500	4,000	2,400
天字渠	由惠農渠任存村開口經本村熟地至荒地	1932	3	5	3.5	2400	3,000	220

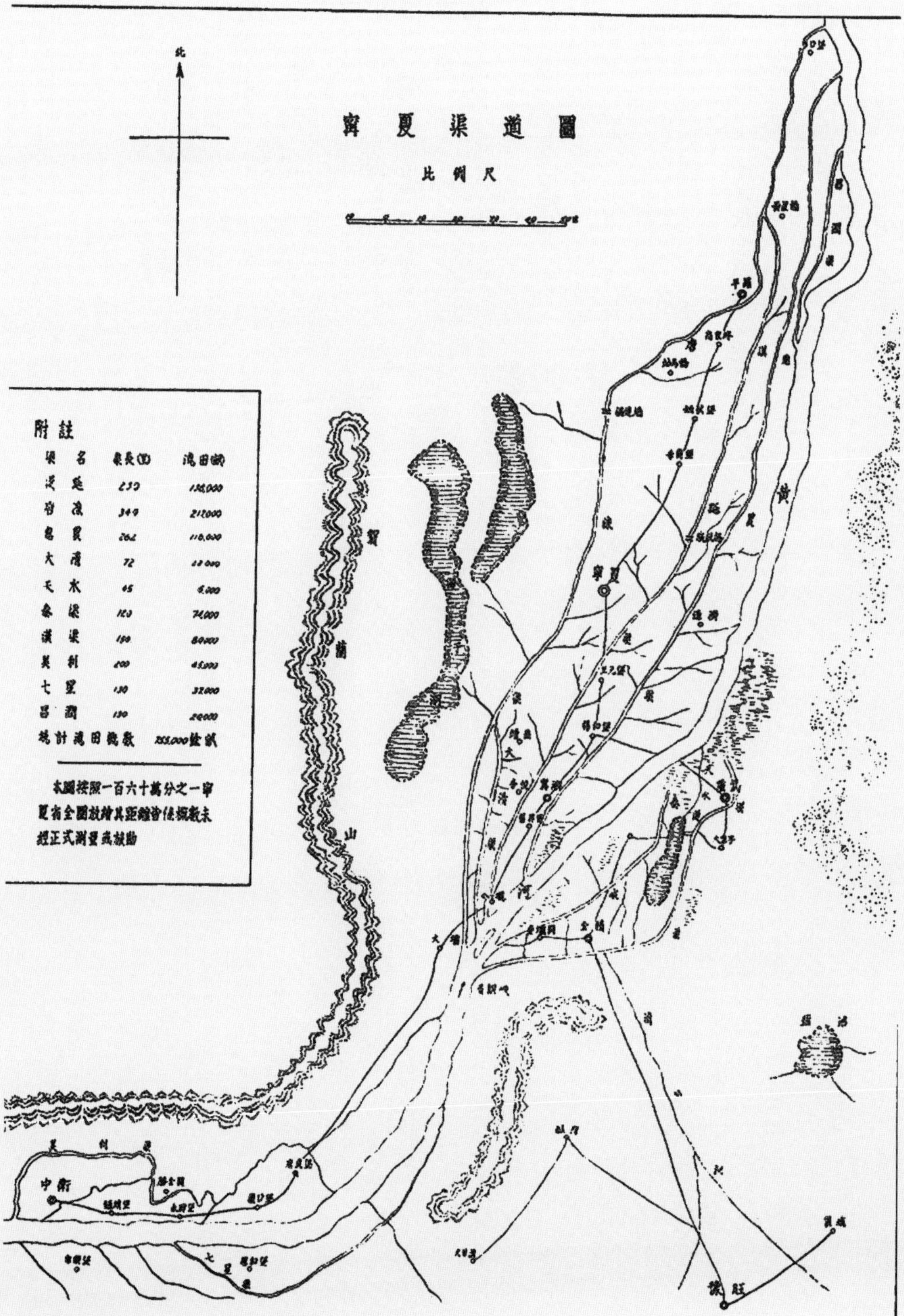
寧夏渠道圖
比例尺
附註
渠名 渠長(里) 溉田(畝)
漢延 230 150,000
唐徠 349 212000
惠農 262 110,000
大清 72 23,000
天水 45 6,000
秦渠 120 74,000
漢渠 190 80,000
美利 200 45,000
七星 130 32,000
昌潤 130 24000
總計溉田畝數 755,000餘畝
本圖按照一百六十萬分之一寧夏省全圖放繪其距離皆係概數未
經正式測量
寧夏
中衛
黃河
賀蘭山

寧夏水渠，歷代相沿，官督民修。現統歸建廳監督，於每年冬至節後由各渠估計春工，呈廳核准後，即徵收工欵，按畝勻攤，購備工料。至翌年春分，以柴草作束，堵塞渠口，阻水入渠，以便挑挖渠底、培修堤岸。立夏工竣，即行放水入渠，渠口與進水閘間有洩水閘，以備渠水過大時洩放入河之用。進水閘處有水標，派人看守，依經驗所得，由水位之高低，定灌地之多少。此外每段均有專員司支渠水閘之啓閉。田禾至少須灌三次，一爲小滿時節，澆灌夏禾。二爲大暑前後，澆灌秋禾。三爲霜降節後，即冬灌也。每次灌溉，渠水須於規定時期到達末梢，由極末端農民具結呈廳，而後負責人民，方得卸責。千百年來，守此無懈，雖係舊規，極合民俗，而其種種設施，與現代科學方法無一不相吻合，尤可驚也。

寧夏西門外之唐渠

寧夏灌溉事業之發達，固由舊規沿用之得法，而天然地勢之宜，亦實非他處所能及，渠口泰半石質，維護極易，既無沖刷損潰之虞，而所灌區域，北向有天然適宜坡度，尤便水流之節制，至若河套情形，則與此正相反矣。

二、河套

河套幅員遼闊，沃野千里，數百年來，引渠灌田，獲利甚豐。其最著者，舊稱八大幹渠，惟年來亦多淤塞，茲調查其灌溉情形如左．

(一)永濟渠　即纏金渠，爲八大幹渠中最大最完善之渠，渠口當黃河北流東折之衝，形勢頗順，渠長一六〇里，渠道坡度適宜，橫斷面亦較他渠爲大，河水在此含沙不多，尙無淤塞之患，但遇河水漲時，渠口冲刷甚烈，其灌漑面積爲二〇〇，〇〇〇畝。

(二)剛目渠　即剛濟渠，一名剛毛，又名剛夘，在永濟渠口下約六〇里。在民國十一二年業已潰廢，故並無直接引水之口，河水漲時，由灘上小澗流入渠中，拖帶泥沙甚多，所經之地，沙丘密布，以致渠中流水速度甚低，淤積日甚，現其橫斷面尙不及永濟渠四分之一耳。

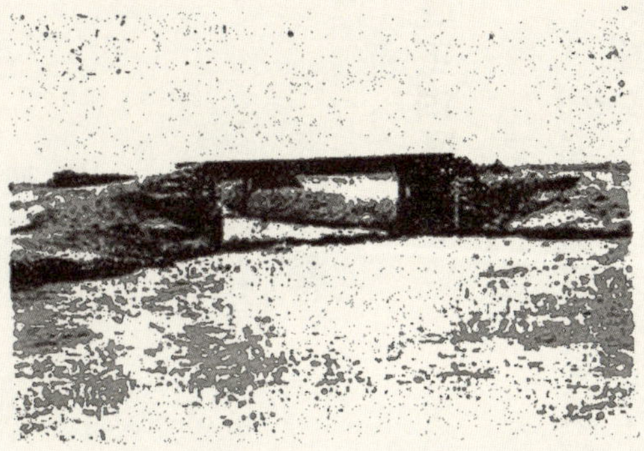

河套之豐濟渠

(三)豐濟渠　即中和渠，在剛目渠下五里。長約九〇里，其灌漑功效，爲永濟渠之次。水量充足，其灌漑面積，爲九〇，〇〇〇畝。

(四)沙河渠　即永和渠，由惠德成起口，在豐濟渠口下七五里，渠長約八五里。渠工修理原稱合法，四季均可引水。惟民國十九年因河水漲跌懸殊，遂致潰廢，非重行修理，引水殊屬不易也。

(五)義和渠　在沙河渠口下約二〇里。渠長九〇里，穿五原縣城。昔時頗爲良善，年來渠淤塞，水之供給，遂不足恃。其灌漑面積爲四〇〇，〇〇〇畝。

縱貫五原縣城之義和渠

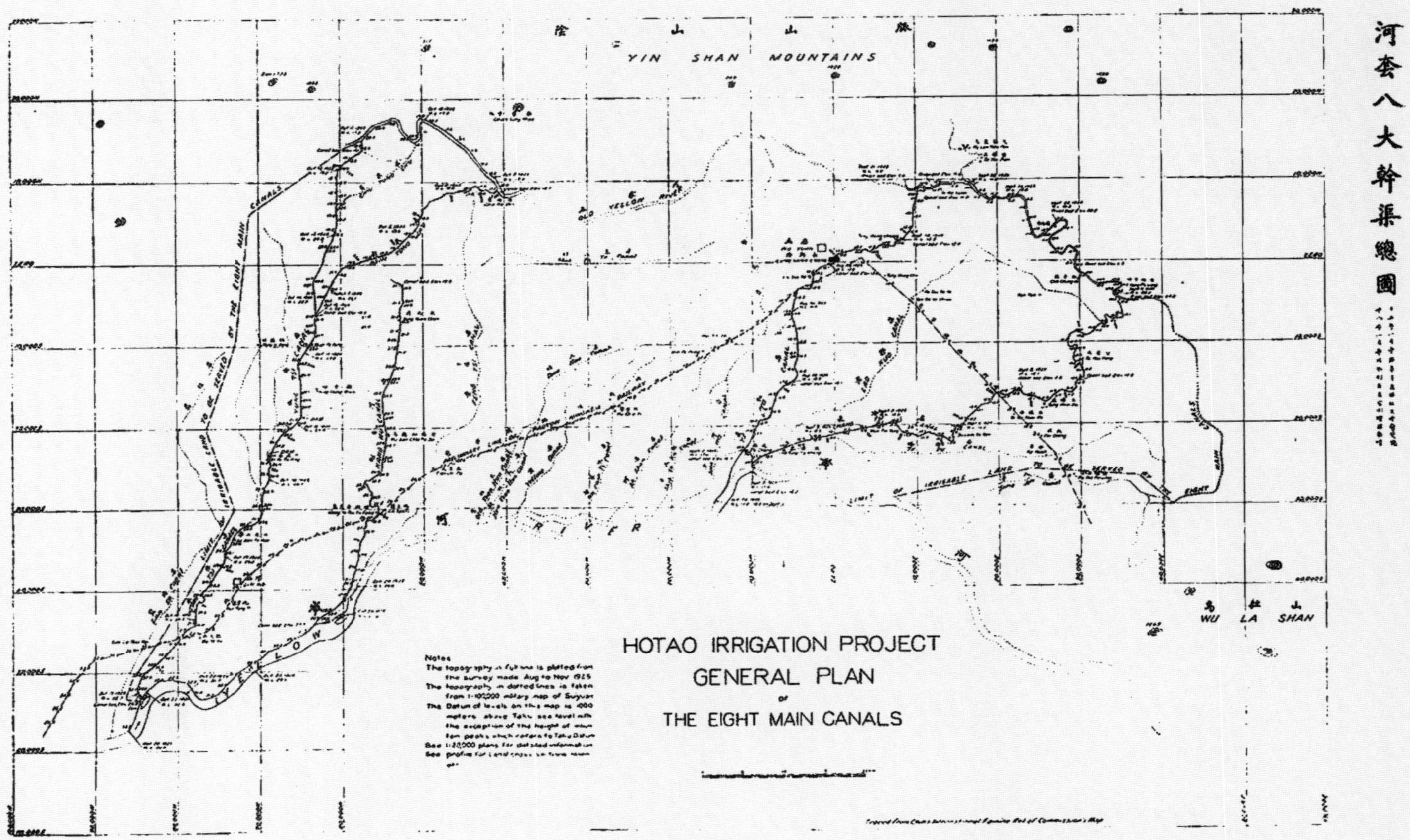
河套八大幹渠總圖
陰 山 脈
YIN SHAN MOUNTAINS
OLD YELLOW RIVER
河 RIVER
YELLOW
烏 拉 山
WU LA SHAN
LIMIT OF IRRIGABLE LAND TO BE SERVED BY THE EIGHT MAIN CANALS
HOTAO IRRIGATION PROJECT
GENERAL PLAN
OF
THE EIGHT MAIN CANALS
Notes
The topography in full line is plotted from the survey made Aug to Nov 1925
The topography in dotted lines is taken from 1:100,000 military map of Suiyuan

（六）通濟渠　即老郭渠。在義和渠口下五里。長一〇〇里。渠口淤塞異常，且渠道灣曲，已不甚適用。灌溉面積爲一七〇，〇〇〇畝。

（七）長勝渠　即長濟渠。在通濟渠口下二里。長一一〇里。渠口淤塞，不得暢流，原有效力已失。灌溉面積爲二三〇，〇〇〇畝。

（八）塔布渠　原名塔布河，爲後套諸渠之祖範。在長勝渠口下四里。長一〇〇里。經過地域極爲平坦，渠道幾全淤塞，已失灌溉效能，其灌溉面積爲一七〇，〇〇〇畝。

除以上八渠外，其他幹渠引黃河之水灌溉者尚多，茲更擇其重要者列表如左：

渠名	長度（華里）	灌溉面積（畝）	渠名	長度（華里）	灌溉面積（畝）
新寵火渠	七〇	三〇、〇〇〇	鄔家地渠	二五	九、〇〇〇
哈拉烏素渠	三〇	三〇、〇〇〇	黃渠	四〇	三〇、〇〇〇
大堂子渠	一八	五、〇〇〇	楊家河渠	一四〇	一〇〇、〇〇〇
藍鎖渠	七〇	四〇、〇〇〇	德成渠	四〇	三、〇〇〇
魏羊渠	三〇	五、〇〇〇	黃土拉亥渠	一六〇	一〇〇、〇〇〇
烏拉河	一四〇	一〇〇、〇〇〇	五大股渠	二〇	六、〇〇〇
土默渠	三〇	二、〇〇〇	民復渠	五〇	三〇、〇五〇

河套渠道，概係創辦者本經驗所得，審察地勢而定，枝枝節節，並無整個計劃。後套地勢北高於南，西高於東，故所有幹渠均自渠口向東北行，以黃河故道之烏加河爲尾閭。該河年久失修，河身淤塞，下游已不復與黃河相通，諸渠退水因以不得通暢。更以地勢關係，渠水逆勢北流，速度至緩，遂致泥沙沈澱，渠道淤塞，終歸廢弛而後已。此外黃河河床屢有變遷，而渠口位置亦不得不隨之移徙，尤爲渠務之最大困難，此前人所以有另闢一與黃河平行之新引河，以便保持渠口工程，俾資永久之主張也。

河套渠務，建設廳在五原縣設有專局管理，名曰包西各渠水利管理局。所有官民各渠，均須自組水利公社，在水利管理局監督指導之下，辦理渠務。各項渠欵，分經常修渠費特別修渠費水利經費三種，即由水利公社按照種植地畝之多寡徵收之。

章程規定，雖極嚴厲，實則公社事務，爲少數土劣所把持，賄賂公行，弊端百出，以致其所勘丈之灌溉畝數，概屬虛僞，在此種情形之下，欲得正確統計，誠戛戛乎其難哉。

民生渠口之進水閘

三、民生渠

綏遠雨量極爲缺少，在過去十數年中，平均年僅十二英吋，民國十七年，綏遠旱災，薩托兩縣一帶尤甚，雨量尚不及七英吋，赤地千里，災民遍野，地方團體發起開渠，以工代賑，官廳方面撥給賑欵，竭力扶

綏遠薩縣雨量表

全年總雨量

1919 — 1932

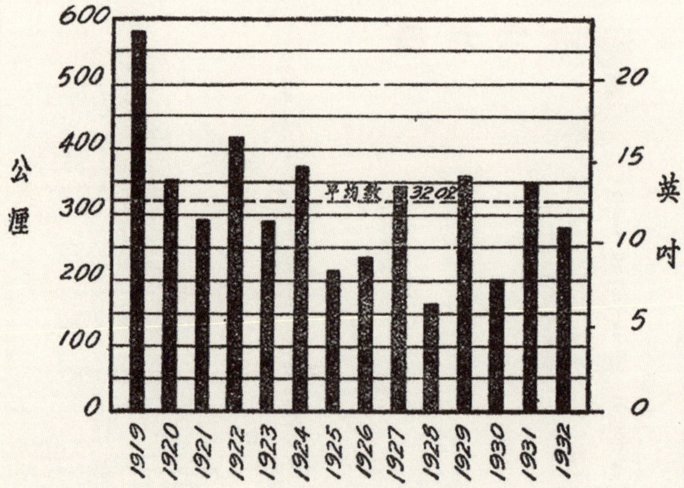

各月平均雨量

1919 — 1932

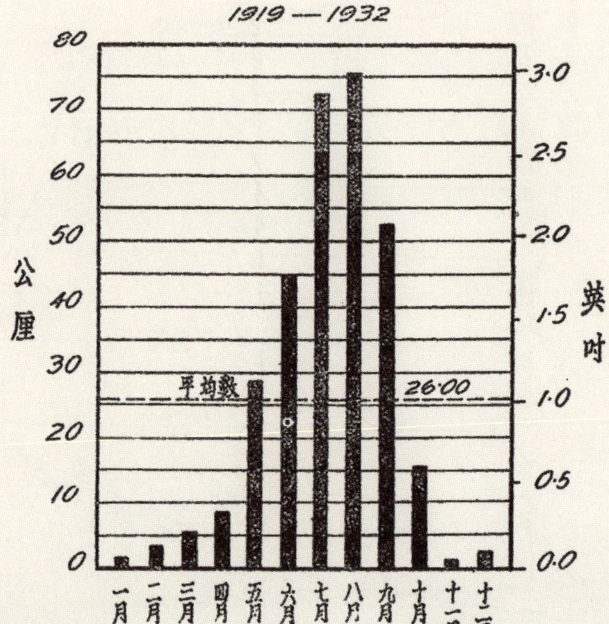

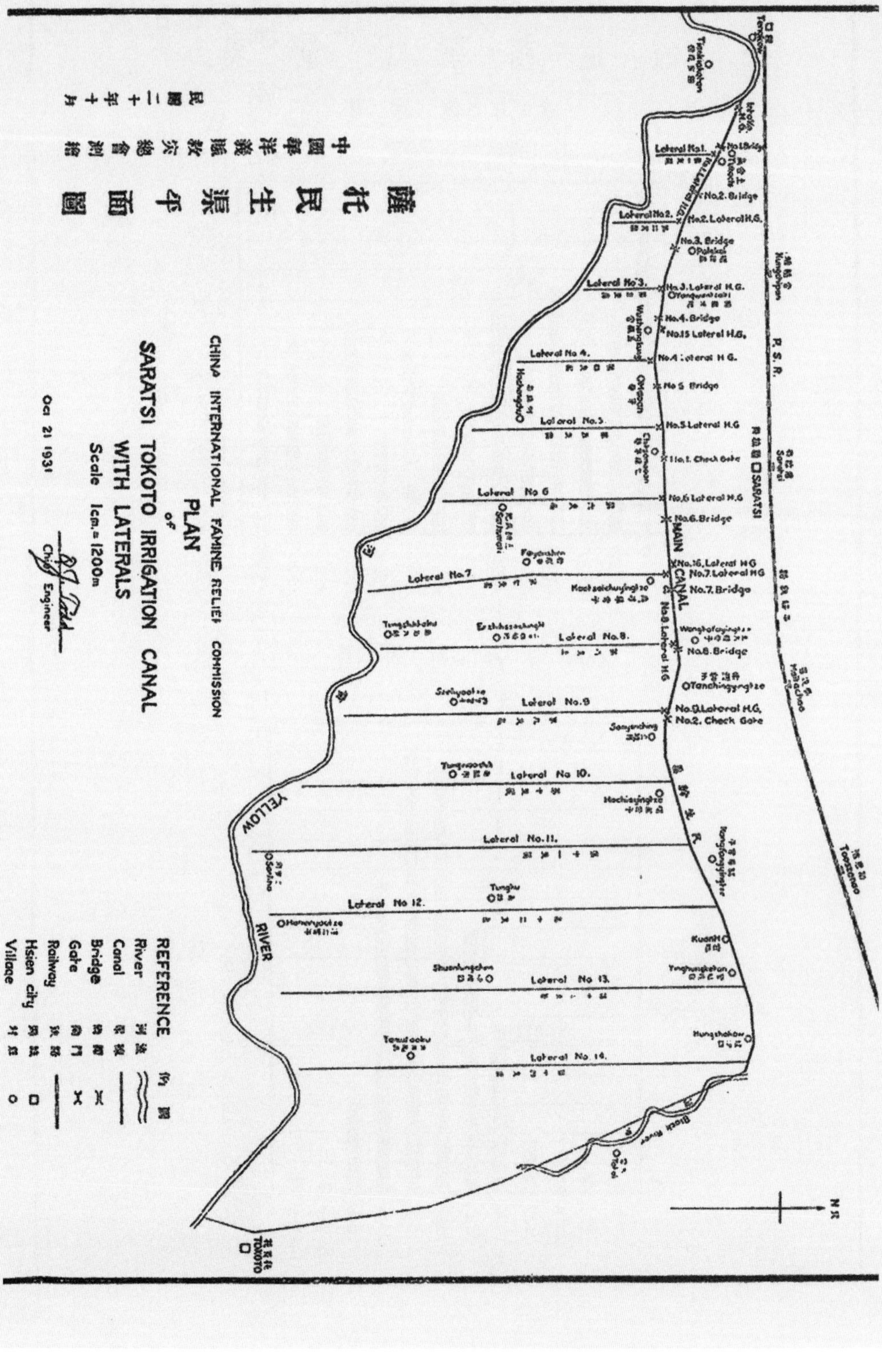
薩托民生渠平面圖
中國華洋義賑救災總會測繪
民國二十年十月
CHINA INTERNATIONAL FAMINE RELIEF COMMISSION
PLAN
of
SARATSI TOKOTO IRRIGATION CANAL
WITH LATERALS
Scale 1cm.=1200m
Oct 21 1931
Chief Engineer
REFERENCE
River
Canal
Bridge
Gate
Railway
Hsien city
Village
MAIN CANAL
YELLOW RIVER
Black River
SARATSI
TOKOTO
P.S.R.
Lateral No.1.
Lateral No.2.
Lateral No.3.
Lateral No.4.
Lateral No.5
Lateral No 6
Lateral No.7
Lateral No.8.
Lateral No.9
Lateral No 10.
Lateral No.11.
Lateral No 12.
Lateral No 13.
Lateral No 14.
No.2. Bridge
No.2. Lateral H.G.
No.3. Bridge
No.3. Lateral H.G.
No.4. Bridge
No.5 Bridge
No.5 Lateral H.G
No.1. Check Gate
No.6 Lateral H.G
No.6. Bridge
No.7. Lateral H.G
No.7. Bridge
No.8 Bridge
No.2. Check Gate
N

助，至十八年春由華洋義振會接辦，繼續開挖，名民生渠。其計畫幹渠由平綏路磴口站東南之瓦窰口起東至高家野場村，注入大黑河，長四二英里，渠口以下，渠底寬六〇英呎，堤坡一比一·五，當高水時，最大流量每秒約二，〇〇〇立方英呎。支渠均南北向，底寬一〇英呎，堤坡一比一·五，渠間距離約三英里，共十四支渠，總長一四五英里。灌溉面積約一七，〇〇〇頃。

截至民國二十年，其完成部份有幹渠及九支渠，渠口工程，幹渠進水閘一座，攔水閘二座，支渠進水閘十一座，共費洋七五〇，〇〇〇元，由綏遠省府担負三〇〇，〇〇〇元，其餘則由華洋義振會墊借，俟將來徵收水租償還。主要工程尚有五支渠，雖因工款支絀，未克完成，而放水典禮卒於是年六月舉行，遐邇騰歡，盛極一時，社會人民之所期望者蓋至深且大也。

放水典禮舉行後，已逾兩載，迄未實行灌田。渠口處黃河兩岸上下游數里均經砌石維護，頗稱堅固。惟渠底太高，除高水時期外，河水不易流入。故擬築攔水石壩，用以逼高水位，其計畫在兩岸各建高木架，懸繩作橋，以滑車載石，拋置河內，嗣經試驗不合實用，現木架猶存，

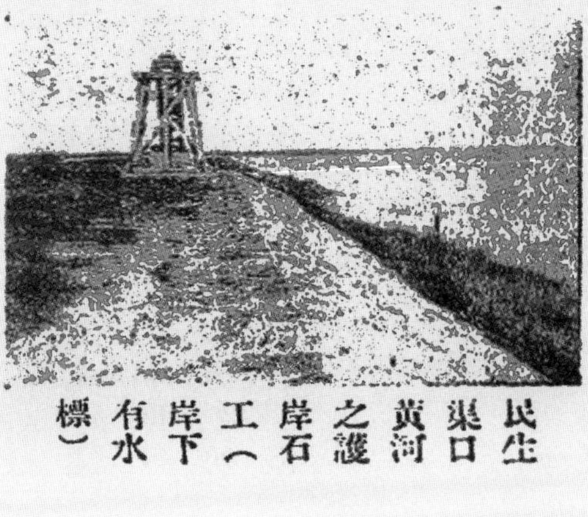
民生渠口黃河之護岸石工（岸下有水標）

石壩尚未建築。此外猶有顧慮者，即大黑河地勢較高，幹渠退水，發生困難。即本年秋季，將正式放水灌田，不悉華洋義賑會對此數端，如何解決也。

第四章　航　運

一、通航時期

黄河於立冬前後結凍，至翌年清明前後開河，俗有「立冬半月不行船」，「立冬流凌，小雪封河」，之諺。計全年開河時期約八個月，封河時期約四個月，而行船時期不過七個月餘。黄河河流遷徙無常，頗難得固定之船線，惟河套交通，仍以水運佔全數貨物百分之七十。凌汛過後，五六月間，水位最低。伏汛流量激漲，河水散漫，泛濫紛歧，似無正流之可尋。大汛以後，水位漸落，水勢亦殺，東入正槽，直至封河無大變動，故俗有「八月踹窠，冬河即不再變」，之諺，蓋謂河水於八月間大汛後即自尋窠巢矣。

二、船筏種類及航行情形

黄河上中游船隻，可分皮筏木筏七站船五站船高帮船及小划子六種。兹分述如下。

（甲）皮筏　皮筏分牛皮羊皮二種。牛皮者較爲普通，又分大小兩種。每年自甘肅東下者，約四百左右。其構造以整個牛羊皮，加以補綴整理，外塗以油，使之柔軟，吹氣使脹，浮於水中，謂之紅筒。聯百餘紅筒架以木排，乃成大筏。置貨其上，以七人駕之。合數十紅筒以成者則爲小筏，以五人駕之。如運載駝毛羊毛時，則以之裝塞紅筒中，故亦有稱爲毛筏者。大筏載重約四萬斤，小筏約三萬斤。皮筏到達目的地後，即將貨物及木排發售，而將紅筒以駱駝運回，作下次之用。

（乙）木筏　寧夏以西，如洮河導河等處，產木最盛。黄松白松，其質極佳。居民編爲木排，附載貨物于其上，順河下流。木筏大小不等，大者木料重約四萬斤。至寧夏包頭等處發售之。

(丙)七站船　船身長約十二公尺，中部寬六公尺，兩端漸窄，僅三•五公尺，船高一•五公尺，底平，較船面爲窄，船板厚約半公寸，係楊柳木質釘綴而成，構造至爲簡單，其名七站者，言船深有七板之高也。船分三艙，中艙稍短。船夫五人，一人掌舵，餘四人下水搖櫓，上水拖纜。舵長幾與船等，動轉至不靈便，載重下水可達四萬斤，上水僅四分之一。船行速度，如天氣晴美，夏秋之際，水勢較大，下水每日可行七十公里，上水則不過十數公里耳。

七站船之側面

七站船之一端

七站船上舟子搖櫓

(丁)五站船　其形式構造與七站船同，惟較小。載重不過萬斤。爲數無多，概行短程。

(戊)高帮船　船身長在十公尺以上，中部寬約五公尺，兩端漸呈尖形，寬僅一公尺餘，底平，船高約一公尺半，兩端則翹起，載重在二萬斤以上，木質構造與以上兩種同，航行運轉較爲靈便，其舵長不過當船身之半耳。

(己)小划子　船身甚小，一人搖槳，極爲輕靈，僅供乘坐三數人，不足以載重貨，順流飄蕩，其行至速，渡口處擺渡亦多用之。

寧夏以上水路運輸幾完全恃皮筏木筏兩種，下行達包頭。七站五站高帮諸船，則行于寧夏包頭之間者爲最多，其數恒視年之豐旺而不同。下水所載以皮毛藥材糧食鹽鹼爲大宗，至包頭河口諸地，再運售于內地各省。上水則裝運洋廣雜貨，轉銷寧甘蒙新一帶。惟西北荒凉，人民生活，至爲簡單，於洋廣貨物，需要無多，故往來運輸，殊難平衡也。

航行黃河之高帮船

黃河船筏之構造形式，首尾完全相同。其順流下行也，任其飄浮，櫓舵均置不用，中流水深流急，舟行至速，且無擱淺之虞。惟遇風起，則舟行路線，不能完全依恃水流，遂不得不藉櫓舵之力以矯正之使歸正流。但此僅于微風時可以施行，若風勢稍大，則櫓舵力有未逮，必須靠岸停泊而後可。寧夏河口鎮間，河面至寬，除石嘴子至河拐子一小段外，並無急湍，隨時隨地，均可停舟，尚無若何困難。至若河口鎮以下，河行山峽中，曲折既多，水流又急，即晴美無風，亦須賴櫓舵以司轉折。設值春季淺水期，礁石畢露或在水面下甚淺，尤須時刻注意，以免觸石罹災。倘若中途不幸遇風，則兩岸陡巖峭壁，絕無可以停泊之所，其爲危險，可以想見。故航行此段者，不但舟子須熟悉河道特殊情形，且每次開船，尤須絕對擇天晴無風之日，庶幾一帆風順，可達下站也。

上行船隻，率多數舟或數十舟結伴同行，櫓槳絕歸無用。如遇順風，可以揚帆，由舟子操舵進行。然此僅可於河口鎮以上爲之，河口鎮以下，則急流較風力爲大，雖欲利用風力，勢有未能也。

載貨結隊上之七站船

揚帆逆水上行之五站船

河口鎮以下上行船隻舟子拉縴之困難情形

包頭南海子之廢汽船

不得順風時，則由舟子拖纜拉縴，其速度視水流之緩急而異，若老牛灣一帶，拉縴者攀越懸崖，倍極艱險，每日上行不過三數里，其困難情狀，有不可以言語形容者。

三、黃河行輪失敗之經過

民國七年，有商人陳潤生向滌修等發起組織甘綏輪船公司。購輪一艘，名飛龍，長六丈，寬一丈四尺，艙深四尺，載重二萬斤。僅在寧夏河口鎮間行駛兩次，即告停止，輪船旋即拆毀。考其失敗原因，有左列諸端：

一、事先並未測量，河流情况不明，致行船時障礙甚多。

二、預算所得利益，多不切實際，實行時諸多未合。

三、船係鋼製，重量過大，吃水深度空船已有二尺半，機力太小，上行不易。據土人謂其經石嘴山三道坎時，尚係由多人縴曳而上者。

四、雖係官商合股，而資本太薄，失敗後不易挽救。

同年甘肅省長張廣建與馬福祥創辦公司，由上海求新廠購造淺水汽輪兩艘，將材料運至包頭南海子裝配。一曰探源，一曰泛斗。翌年試航，上行五日半，至石嘴山，及由石嘴山折回，僅二日半，抵南海子。船身長約五丈，吃水二尺半，官艙一間，可容四人，客艙可容二十人，引擎用汽油機，有馬力六十。船身鐵質，重量甚大，不堪再裝重載也。張廣建離職後，此船亦告廢棄，現在仍置南海子河岸。航行蘭州之計畫，終未能達到。聞張氏之所以辦此，係專謀甘肅公務上之便利，尚非營業牟利者，雖然，每日需汽油百餘元，消費過大，且機力微小，吃水太深，識者固早知其不能持久也。

四、改良計畫

欲謀航運之發展，當注意以下諸端：

一、整理捐稅，減輕商人擔負。

二、整治河槽，減少航行困難。

三、發展沿河實業，增加貨運數量。

四、利用汽機航輪，增加速度及貨量。

黃河船隻捐稅之徵收，政府於各關卡設有專局辦理之。因船筏種類之不同，所徵欵數亦異。至若載貨過境，更按貨物種類，徵收各種雜捐，名目至極繁瑣。此外沿河駐軍藉保護航運之名，輒復故意留難，以致所有航船，除照章納捐外，尙有無數之軍警關卡，作無饜之剝削。據調查目覩，西山嘴地方，有運糧商船因受軍隊勒索捐欵不遂被扣，嗣經饋羊多隻，始得放行。更有木商自包頭購木材運至托縣發售者，木價一二六〇元，沿途經塞北關船捐局保衛團等多層剝削至八次之多，徵捐竟達四一〇元。在此情形之下，商人只有伏首帖耳，敢怒不敢言。此而不能改良整理，欲求發展航運，不啻背道而馳，緣木求魚也。

上行船隻舟子拉縴

黃河航行發展之大障碍，厥惟逆行困難太甚。甯夏包頭間下行需七八日者，上行則需月餘之久。而包頭河曲間，其相差更不止此。職是之故，操舟爲業者，莫不視上行爲畏途，而船隻構造，亦遂因此日趨簡陋，僅求其能敷衍下行至目的地，絕不望其能載貨返棹也。以七站船而言，在甯夏購置，需百餘元，至包頭即降至七八十元，及抵河曲，則四五十元，亦無人過問矣。上行情形如此，至於下行船隻所感覺困難者，包頭以上，淺灘紛歧，令人生無流可循之感，河口鎭以下，暗礁特多，隨時有觸石傾覆之虞。凡此種種困難，均須設法免除，而後航運方有發展之望。是故整理河槽，實爲當務之急。漫濫過寬者，施以束水工程，使有正流河槽。支汊歧出者，酌加堵塞，使河流歸一。河底礁石，亟以炸藥轟除，使不致再爲航行之累。如此則以現有船隻，其上行問題，雖不克即時解決，而下行之便利，定將倍蓰於今日。至此項整理之詳細設計，則不能不待測量後方可研究規劃矣。

據寧夏建設廳之調查統計，其重要物產，列表如左：

類別	名稱	產量	輸出量	輸入量	備考
藥材	枸杞	每年三一二、〇〇〇斤	本省所產藥材幾完全運往內地銷售		
	甘草	每年七二〇、〇〇〇斤			
	蓯蓉	每年四八〇、〇〇〇斤			
鑛產	煤炭	平均每日一二六、〇〇〇市斤			完全用人工開採
	天然鹼	平均每日四、三〇〇市斤			
皮毛	羊毛	全年七〇〇、〇〇〇斤	八三〇、〇〇〇斤		
	駝毛	三〇〇、〇〇〇斤	二一〇、〇〇〇斤		
	羊絨	五、〇〇〇斤	三、六〇〇斤		
	牛皮	二三、〇〇〇張	一二、〇〇〇張		

類別	名稱	全年產量			
	羊皮	一七〇、〇〇〇張	一二〇、〇〇〇張		
	駝皮	三、〇〇〇張	一、〇〇〇張		
農產	大米	全年 二二九、五〇〇石	三、五〇〇石		
	穀米	三五、二〇〇石		一、二五〇石	
	糜麥	五四、二〇〇石	二、四〇〇石	三、二〇〇石	
	春麥	一四三、〇〇〇石	二、五〇〇石	二、五〇〇石	
	豌豆	二二、〇五〇石	一、四〇〇石		
	胡麻	二五、六〇〇石	一、五二〇石		
	棉			一五〇、〇〇〇斤	
	麻	五七、〇〇〇斤	二四、〇〇〇斤		

綏遠省之主要物產，據十九年調查結果如左表：

類別	名稱	全年產量	類別	名稱	全年產量
農產	小麥	二二六、二三二石		莜麥	二二六、九三〇石
	高粱	一八二、八五〇石		糜麥	二四六、九六九石

	黍子	九三、三七五石		蕎子	四〇、〇四七石
	穀米	三九二、七三七石		雜豈	一九七、八三三石
	馬鈴薯	七二五、九九〇石		大麥	四七、八八九石
皮毛	羊毛	二一、六九一、三九〇斤		駝毛	三、二二七、〇一八斤
	羊羢	一、〇一四、三八〇斤		羊皮	七一九、四〇七張
	羔皮	三一二、〇〇〇張		狐皮	一八、七九七張
	狠皮	一四、六五三張		獺皮	四〇、〇〇〇張
	牛皮	八〇、五九〇張	藥材	防風	四〇、六二〇斤
	黃耆	一〇二、四〇〇斤		甘草	一、五一五、三〇〇斤
	蓯蓉	二三四、二〇〇斤		黨參	八、四〇〇斤
	大黃	三〇、〇〇〇斤			

綏遠礦產煤鹼石棉等均有，但用土法開採，產量至微，且無調查統計，殊不足道。

寧夏貨物輸出者幾完全恃黃河運輸，橫城石嘴子磴口均其重要碼頭，加以自甘肅出口之物產，下水航運，頗有相當數量。在平綏鐵路未完成以前，綏遠出省產物，亦賴黃河水運，由五原南海子

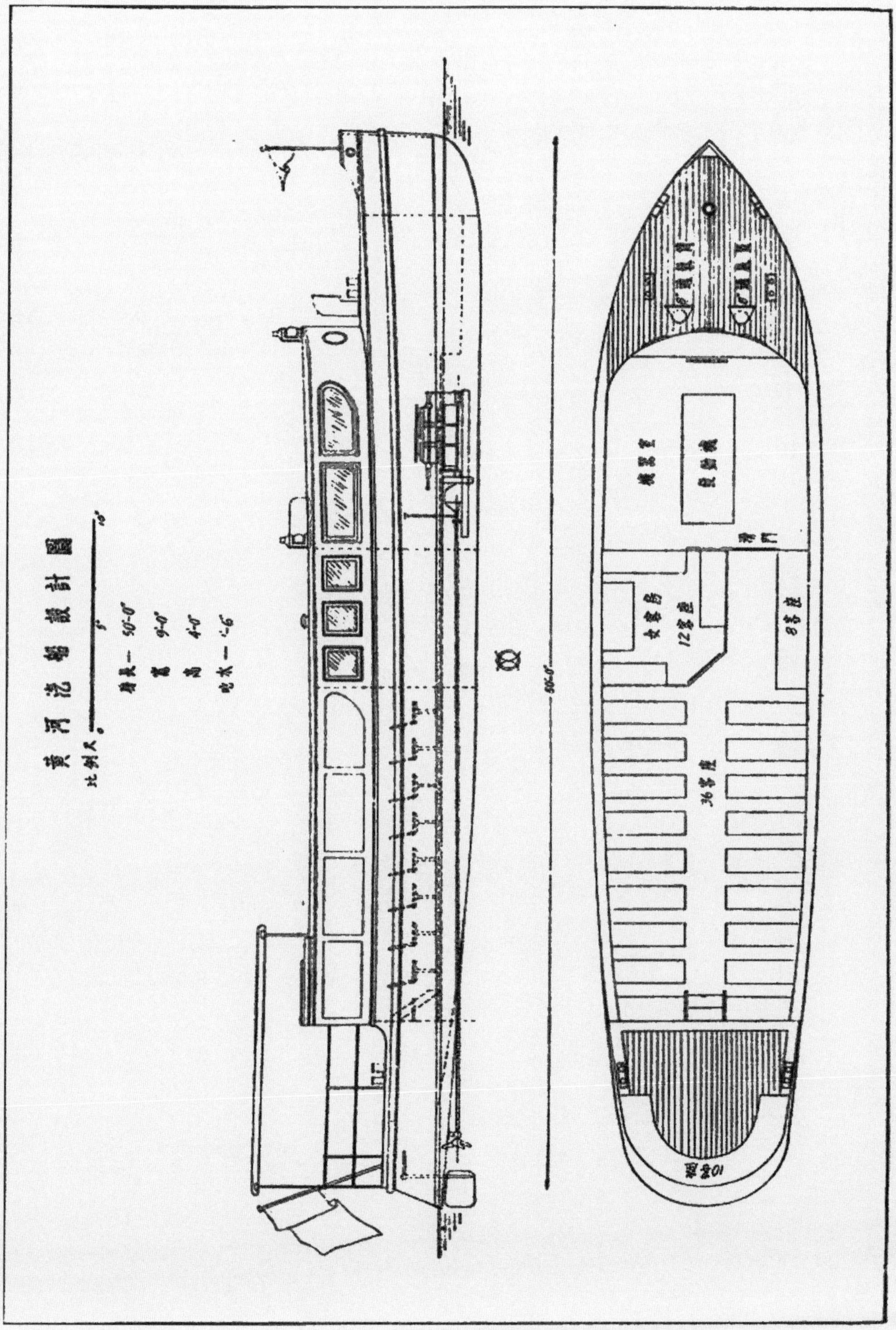
黄河汽船設計圖
比例尺
船長一 50'-0"
寬 9'-0"
高 4'-0"
吃水一 1'-6"
50'-0"
機器室
發動機
滑門
女客房
12客座
8客座
36客座
10客座

等處下至河口鎭，轉鐵路以輸入內省，下駛舟楫，終年不斷。及平綏路成，包頭以下之黃河運輸，盡爲所奪，船隻數量銳減，航運日趨衰落，有由然也。

黃河上水貨物，只係布疋雜貨，其數量有限，更以舟楫上行之艱難，致與下水貨運，殊不足以相抵，往返不能平衡，實爲航運不得發達之一大原因。其救濟之道，厥惟自多方面進行，以求西北之開發。如荒田之墾闢，礦產之開採，森林之培植，毛織工業之提倡，平民教育之普及，無一不爲當務之急，如此則于相當時期後，民智漸開，人口滋繁，其物質之需要大增，而黃河上水貨運之問題，自得解決。此雖不免有大言之譏，但舍此實別無捷徑可尋也。

黃河行輪，雖遭兩次失敗，然殊不足證明其事之絕不可能，特計劃之有欠精當耳。故爲求增加行船之速度及載量，實有再接再厲試辦行輪之必要。玆約略計畫其大概，船長五十英尺，吃水一英呎半，船身鋼製，機器部份擬用柴油內燃機，馬力八十，速度每小時可有八海里，價不過二萬元。最初試行，無妨專載客運，俟有成效，然後再行加大，以之載貨或用曳貨船，均無不可。

黃河行輪之阻碍，不外礁石淺灘急流數種，此均可於整理河槽時解除之。此外航道標識之裝設，引水船員之訓練，更與輪航有直接密切之關係，亦應同時舉辦，自不待言。

第五章　測量計畫

一、河道及地形測量

黄河整理計畫之規定，端賴有科學之根據，而測量工作，實爲首要之圖。蓋各項河道，其地理環境，各有不同，則其治理計畫，自必因之而異。以測量所得，研究探討，而後閉門造車之譏可免，治河之百年大計以定。兹先述河道及地形測量之設計如左：

甲，測量隊之組織　黄河測量隊，以導線隊一組，水準隊一組，斷面兼地形隊四組，繪算室技術員二人，照料員一人組成之。其各分隊之組織列下：

(子)導線隊　工程師一人，担任領導導線之進行，導線角度之觀測，星象之觀測及測量起點經緯度之測定。副工程師一人，担任導線長距測量之監查及紀載，兼繪導線經過地方之草圖，以及助理導線進行之一切。測夫十一名，小工三名，分任選點，拉練，持標桿，負經緯儀，打樁，記標樧，担樁等工作。

(丑)水準隊　工程師一人，担任正平。副工程師一人，担任對平。測夫七名，小工二名，分任持水準尺，負水準儀，選水準點等工作。

(寅)斷面兼地形隊　每組設副工程師一人，担任領導該項測量之進行，以經緯儀測定各地形點之位置，及其高度，繪製地形同高綫，整理地形圖。工程員一人，担任點繪，及助理一切該項測量之工作。測夫五名，小工二名，分任持地形尺，量水深，負經緯儀圖板等工作。

（卯）繪算室　副工程師及工程員各一人，担任導線經緯坐標之計算，繪製地形圖格，校對地形圖，及辦理屬於技術上之各項事務。

（辰）照料員　辦理全隊不屬於技術之各項事務，對外之接洽，及保管公欵，登記賬目等事。

（巳）如全隊人員，對於測量技術，完全精熟，則隊長一職，可由導線工程師兼任，否則須另由工程師一人專任，俾便指揮及監察，以利工作之進行。

按以上所列，如隊長係專任，則工程師共三人，副工程師七人，工程員五人，照料員一人，測夫三十八人，小工十三人。此外尚須護兵五人，繪算室公役一人，信差一人或二人，測夫厨役六人及船夫四人。

乙，測量方法

（子）經緯度之測定　如測區附近，已有精確之大地測量，則其地經緯度之數值，可由以前所留之樁誌上得之。否則測量起點之經緯度，須自行測定。緯度可直接由觀星而得。經度則可以無線電比較時間法測得之。

（丑）導線測量　寧夏河曲間之黃河測量，共長約八千公里，其兩岸地帶，正待開發，導線爲測量主幹，須有相當之準確，始有永久之價值，寧夏托縣間，地勢平坦，導線測量較三角測量，非但經濟，尤易精確，托縣以下，山岳重疊，則可參酌地方情形，兩法互用之。

導線角度之觀測，以精細之經緯儀，用復讀法行之。內外兩角，各正轉往復六次，共爲二十四次，然以施以校正，使內外兩角，合爲三百六十度之整數。

導線長距之測量，以長五十公尺之鋼尺兩付，由幹練之測夫六人，組成兩組，各不相倚而爲之。鋼尺長度，因溫度之高低而漲縮，須隨時考定改正之。

導線之樁橛，除以圓頂木樁標誌導線角點外，由導線零點起，每隔二百公尺，訂立扁木橛一個，而記其長距於其上。每隔一公里，以方頂木樁標誌其地點，另置扁橛于其側，以誌長距之數。爲地形隊測量起點之用。

導線測量之起點終點及每隔約十公里處，於導線之角點，設立永久測站，以混凝土製成，以鋼棍標誌之。其點之經緯度及高度，均須特別紀載，以爲將來治河施工及他項測量之基礎。

導線之起點及每隔三十公里以內，須觀測星象一次，以定導線之方位角，此項觀測務須準確，任何密近北極之星辰，其在五等明度以內者，均須測及。

上項導線測量方法，如用完好精準之經緯儀，其平盤刻度，可讀至十秒，而工作人員，技術亦佳，則其精確之率，可超過尋常第二第三等三角網之測量，其誤差不至超越五萬分之一，時間及工欵之經濟，更可遠勝之。

（寅）水準測量　水準測量，須起點於可靠之水準點，以免日後改正地形高度工作之繁難。如測量以包頭爲起點，則平綏路水準點，可資利用。爲免除舊有水準點高度之錯誤，須另作水準線，連絡至少舊有水準點兩個以上，而比較其數値之誤差。

正平與對平，各沿導線之方向，進行施測。每隔三公里以內，須設一具有永久性之水準點。兩平進行，須互不相倚，但於設置水準點時，應比較其數値，使其誤差不得超過規定之限度。

（卯）河斷面及兩岸地形之測量　此兩項測量工作，合併辦理，較爲經濟。所有地形點之地位及高度，均以經緯儀測得之。野外備有圖板，隨時繪製地形圖。另備輕便小舟一隻，以便試探水深之用。

（辰）繪算工作　以導線各點之角度，計算其方位角，加以子午線輻輳率之改正，然後以多面錐形投射法計算導線各點之大地經緯坐標。而後將導線之位置，繪於地形圖紙格上，以備地形測量隊之應用。磧夏托縣間沿河地形，比較單簡，地形圖比例尺，可用一萬分之一，托縣至河曲，沿河概係山嶺，地形複雜，比例尺可用五千分之一。前者每圖之面積，東西佔經度五分，南北佔緯度二分三十秒。後者東西二度三十秒，南北一分十五秒。

丙，測量區域及分段

磧夏包頭間，河槽寬處約一・五公里，狹處約五百公尺，茲假定以一公里爲河槽平均寬度，河身斷面及兩岸地形，各測至距河岸一公里止，則測量區域之寬，平均約三公里。又包頭以西，有三呼河，爲黃河之重要分支，頗便行舟，亦應列入測區，其河槽之寬，約一百公尺，斷面及兩岸地形，共測一公里即可。

爲採用平綏路水準點高度及工作便利起見，測量應以包頭爲起點。以包頭至臨河爲第一段，長約二五〇公里。以臨河至磧夏爲第二段，長約二九〇公里。以包頭至河口鎭爲第三段，長約一二〇公里。以河口鎭至河曲爲第四段，長約一二〇公里。其第四段內，兩岸山勢陡峻，河身受峽逼束，寬僅二百至四百公尺，河底復多礁石，水流湍急，舟行至險，測量此段至感困難。兩岸地形以測至臨岸之山腰爲止，共寬約在一公里左右。

丁，測量需用時日之估計

在第一第二第三段內，每日每地形隊可測河道斷面二個，兼測地形三方公里，每星期全隊可測河道斷面四十八個，地形七十二方公里。斷面間之距離，爲五百公尺。導線及水準線，每星期除觀星一次，設置永久測站兩處外，約測二十五公里，洽敷地形隊之應用。每月因風雨休止，野外工作有效時日爲四個星期。每月成績，導線及水準各爲一百公里，地形爲二百八十八方公里，斷面爲一百九十二個。按以上各數，因河身之曲折，河道測量，每月可完成九十公里。

第一段約需三個月，其三呼河分流，約需半月。第二段約需三個半月。第三段約需一個半月。三段共需約八個半月，可以測竣。

第四段工作，當極困難，地形圖比例尺，定爲五千分之一，斷面間之距離，定爲二百五十公尺。每日每地形隊可測斷面兩個，地形半方公里。每星期全隊可測斷面四十八個，地形十二方公里，沿河測量可測十二公里，導線水準線進行自極緩滯，每星期亦只可測十餘公里，僅敷地形工作之應用，每月成績，導線水準線，各約五十公里，地形四十八方公里，斷面一百九十二個。按此速率，則此段測量，約需三個月，可以完成。

綜上四段，野外測量時日，約共需十二個月。但測區冬日嚴寒，最低溫度，達攝氏表零下四十餘度，在此寒季，野外工作，殊不可能。兹擬每年由三月初至十月底爲野外測量時季，十一月初至翌年二月底爲室內繪圖時季。所有墨繪，縮圖，校對等事，皆以本隊技術人員爲之。按此估計，則全部測量及繪圖，共需二十個月，可以蕆事。

戊，測量用款之估計

（子）經常費

一、工程師三人，每人月薪三百元。　共洋九百元
二、副工程師七人，每人月薪一百八十元。　共洋一千二百六十元
三、工程員五人，每人月薪一百元。　共洋五百元
四、照料員一人，月薪一百元。　共洋一百元
五、以上十六人，出勤費每人每月六十元。　共洋九百六十元
六、測夫三十八人，平均每人工資十六元。　共洋六百〇八元
七、測夫三十八人，出勤費每人六元。　共洋二百二十八元
八、護兵五人，每人工資十三元。　共洋六十五元
九、護兵五人，出勤費每人六元。　共洋三十元
十、信差及公役共三人，每人工資十四元。　共洋四十二元
十一、信差及公役三人，出勤費每人六元。　共洋十八元
十二、小工十三人，工資每人十三元。　共洋一百六十九元
十三、測夫厨役六人，每人工資十二元。　共洋七十二元
十四、船夫四名，每人工資十三元。　共洋五十二元

十五、測量遷移及運轉費 共洋三百五十元

十六、測量宿費 共洋一百元

十七、消耗品 共洋六十元

十八、郵電 共洋十元

十九、雜支 共洋五十元

二十、醫藥 共洋二十元

總計二十項計每月經常費洋五千五百九十四元正

但在冬季野外工作停止時期，每月經費，可以節儉之處甚多，如第五七九十一十四十五諸項，均可免除，計可省去一千六百三十八元，則每月僅費三千九百五十六元之數。

（丑）特别費

黄河中游測量，除尋常儀器及用具外，須有特别設備。如包西一帶，人煙稀少，宿室無法覓得。黄河船隻，笨重不便駕駛，用以測河身斷面，耗時極多，且無碇錨，中流不能停舟，更不便施測水深。黄河淺水時期，洲灘甚多，尤需輕便小舟，以人力推曳，方能適用。以故住宿帳棚及測船，必須特備。共估價如下：

一、測船四隻 共洋二百四十元

二、帳棚二十具 共洋一千元

兩項共洋一千二百四十元

（寅）出發往返旅費

旅費之多寡，視起訖地點之距離及交通情形而定。在未確定辦法以前，其數殊難估計，茲假定以天津至包頭爲出發路程，河曲至天津爲歸程，則全隊往返旅費約共需三千元。

（夘）全部用款之總數

一、十二個月野外工作	共需六七、一二八元
二、八個月室內繪圖工作	共需三一、六四八元
三、特別費	一、二四〇元
四、旅費	三、〇〇〇元
總計	一〇三、〇一六元

第四段河口鎭河曲間之測量，實施不易，已如上述。惟若利用航空測量，藉飛機之能力，在空中施測，無地形之限制，雖此懸崖大澤，不難迅速完成。且晉北亦需測量，而地勢多山，與此正同，若能同時舉行航空測量，以期解决陸路交通與水運之聯絡問題，則其成效與經濟，當不可與普通測量同日而語。現中央對此，已有相當設備與經驗，如何可以於此處實現，端賴當局之努力進行耳。

二、水文測量

河道及地形二者，雖已施測，仍不足以決治導河流之策也。必於水量之多寡，河流之性狀，亦加以深切之考察，以期獲得水利工程上最關切要之資料。水文測量之主要目的即在此。惟此種資料之搜集，深受時間之支配。舉凡雨量流量水位等，非賴長時間之繼續觀測，莫知其消長變遷之情形，時間愈久，價値愈大，欲求速效，既爲時間所不許，而過去之所無者，亦絕無追求彌補之可能。黃河中上游在過去時期，注意者少，所需水文測量，概付闕如，現則整治疏導，既具决心，則此項工作，確係不容再緩，庶幾經相當時期，尙可得若干治河之基本材料，否則因循遷延，其貽誤將來，恐有不可勝言者矣。

甲，水文站之工作事項　水文站工作範圍大致可分爲記載雨量及實測流量。惟水位之漲落，直接關係流量之增減，含沙之多寡，所以影響河床之變遷，均爲治河之主要資料，亦須作連續之觀測，及精確之試驗。此外如氣象概況，亦足爲研究之助，每於水文站作簡單之觀測焉。

乙，水文站之地點　水文站之所在，須擇沿河主要地點，河床穩定之處。觀測既須便利，而其成績對於治河計畫尤須具重要之價値。黃河中游，絕塞荒凉，人煙稀少，河流情形且不規則，茲經詳加選擇，於此次視查之黃河中游，亟應首先設立水文站者，得以下四處：

(子)青銅峽　地在寗夏省城上游約百五十里，兩面皆山。寗夏諸渠之口，均在此附近，利用天然地勢，引流灌漑，其利至溥，經營渠工者，對於此處，極爲重視。故設置水文站，實有絕對之必要，其與寗夏灌漑事業，有極密切之關係也。

(丑)石嘴子　是地爲黃河要隘，漢蒙貿易之點，當寗夏諸渠之尾閭。黃河過此，即入山峽北行。故河床穩定，極便施測。再北入河套，又有灌漑之利。是以石嘴子地方，應有水文站之設焉。

(寅)河口鎭　黃河自石嘴子以下，經河套而至包頭，雖距離甚長，惟無支流注入。沿岸無大村鎭，水文站之設置，在勢實有未能。且其河流汎漫，沙磧至多，求一河床較爲固定之地，殊不易得。幸包頭稍東之鐙口地方，値民生渠口之所在，華洋義振會設有測站，已有三年以上之紀錄。再東河口鎭，爲托縣之大鎭，適當大黑河入黃之處，流量增加，關係至鉅，故水文測量，必不可少。

（卯）保德　自河口鎭以下，黃河行山峽中，水流峻急，舟行可達保德縣。再下則以冒險太甚，舟楫益少。此段容納支流，以紅河爲最著，流量及含沙量，均有顯著之陡漲，舟子類能道之。水文測量，實爲必要。河曲與保德，形勢相似，惟後者設站，較爲適宜耳。

丙，雨量站之地點　雨水爲河流之源，其降落之量，隨時隨地各異。須於一河之流域，擇若干地點，作適宜之分佈，而實測紀載之。河套區域除於上述各水文站兼測雨量外，尤當於甯夏磴口臨河五原包頭五處僅設雨量站。簡而易行，絕無困難之可言。此外若歸綏民生渠口三聖宮等地方，業有紀載（三聖宮雨量站係天主敎堂所設），只須按時搜集硏究可爾。

丁，水文站之組織　每水文站置觀測員一人，測夫三人，船夫一人，於必要時，得臨時雇用短工。至於雨量站，則托付地方建設機關代爲辦理，按月酌予若干津貼可也。

戊，水文站應備之工具

一、經緯儀

二、流速計及浮標

三、水準尺及地形尺

四、施測流量應用之輕便小船

五、鉛錘及鐵繩
六、雨量計
七、蒸發皿
八、時計及温度表
九、汲水瓶，量容積之玻璃瓶，及戥子
十、水標
十一、各項記載表格及圖表格紙
十二、各項文具

己，費用之估計

（子）開辦費

一、經緯儀一架　六百元
二、流速計一架　二百元
三、測船一隻　五十元
四、其他測量工具　一百二十元
五、出發旅費（平均數）　一百五十元
六、設置水標及其他設置費　四十元

共計一千一百六十元。如設水文站四處，共需四千六百四十元。

雨量站僅需雨量計一具，價六元。如設五處，共需三十元。連同水文站四處，總共開辦費四千六百七十元。

(丑)經常費

一、觀測員薪俸　一百八十元

二、測夫三人每人工資二十元　共洋六十元

三、船夫工資　十五元

四、賃房費　五元

五、郵電　五元

六、消耗　十五元

七、雜費　十元

共計二百九十元。如設水文站四處，全年共需一萬三千九百二十元。

雨量站每月僅需津貼五元，五處共需二十五元。連同水文站四處，每年經常費總共一萬四千二百二十元。

第六章　地質概略

本區域自寗夏而北，經綏遠至陝晉，包有黃河流域。綏遠一帶，向稱河套，土質腴美，惟黃河所經，多冲積層分佈所在，地層暴露者少，地質頗爲簡單，無可叙述。如擴大範圍，併河套附近之山嶺統括在內，地質情形，關係顯然。故西自賀蘭山，北經大青山，東至呂梁山，繞河套之高原山地，均取爲本區域之一部。分爲地層系統，地質構造，及地文三部述之，言簡幅短，不過略示梗概而已。

一、地層系統

桑乾系　本系爲本區最古地層，屬太古代，分佈亦廣。岩石以片麻岩爲主，雲母片岩，大理岩，亦常目擊；並有火成岩侵入體。片麻岩可分爲酸性基性兩種，色性黑白粗細不同，雲母片岩與酸性片麻岩，夾雜而生。大理岩中，常夾石棉。本系發育於本區北部大青山一帶。

震旦系　在桑乾系之上，而成不整合之接觸，爲元古代之地層。岩石以灰岩爲主，兼有灰質頁岩。灰岩色黑，常含燧石，成薄層，或結核，爲震旦系灰岩之特徵。有時含方解石細脈，而無燧石，但質仍不純潔，所以別於無化石之奥陶紀灰岩也。分佈於寗夏北部，及綏遠大青山一帶。

寒武紀灰岩層　在本區北部元古代震旦系地層之上，無下古生代地層，而在南部，則有寒武與陶紀灰岩，與其下之地層成不整合之接觸。寒武紀地層以砂岩灰岩爲主。可分爲上下兩部，下部爲紅色砂岩，夾頁岩，與中國北部之饅頭頁岩相當；上部爲鲕狀礫狀灰岩，相間成層，礫狀灰岩較多，常含三葉蟲化石。分佈於綏遠清水河一帶。黃河以東，亦常見之。

奧陶紀灰岩層　常在寒武紀灰岩之上，大致兩相整合，岩石以灰岩爲主，質多純潔，可燒石灰，層厚，常含頭足類化石甚夥。在黃河沿岸分佈較廣，露頭常與寒武紀灰岩不易分劃淸晰，每併爲一層，而稱寒武奧陶紀灰岩。在本區北部尚未發見舊古生代地層，或未嘗發育也。

石炭二疊紀煤系　在本區南部，可分爲太原系及山西系，在北部常名爲拴馬樁煤系，或位於震旦系地層之上，或在奧陶紀灰岩之上。太原系大致爲頁岩，砂岩，夾灰岩及煤層。山西系以白色砂岩，灰色及黑色頁岩爲多，夾煤層。拴馬樁煤系：下部大致爲灰色砂岩，灰綠色砂質頁岩，灰黑色泥質頁岩，及石英砂岩，中夾煤系；上部爲灰白色石英粗砂岩，不夾煤層。近煤層之頁岩內，常含植物化石頗多。全層厚度有時達二百五六十公尺。分佈於南部沿黃河兩岸，北部大青山一帶，及寧夏西境北境。

二疊紀地層　在石炭二疊紀煤系之上，常有砂岩頁岩層，屬於二疊紀。岩石多爲黃色及淺綠色，名之爲黃色岩系。在本區北部，或併於石炭二疊紀，及二疊三疊紀地層之中；在南部常可分出，另成一層，分佈於黃河兩岸，厚約一百公尺。

二疊三疊紀地層　在石炭二疊紀或二疊紀地層之上，常有砂岩頁岩，爲古生代及中生代之過渡地層，統名爲二疊三疊紀地層。在北部大青山一帶，名爲薩拉齊砂岩頁岩系，下部以紅色砂岩頁岩爲多，中夾礫岩；上部以礫岩爲多，中夾紅色砂岩。在南部常名紅砂岩層，下部多紅色頁岩，夾淺綠色砂岩；上部以紅色砂岩爲主，夾紅色頁岩。全層厚度，由二百公尺至一千公尺。分佈於黃河沿岸及大靑山中。

侏羅紀煤系　在北部亦名爲石拐煤系，在山西境內常名爲上煤系，所以別於石炭二叠紀下煤系。岩石大部爲綠色紅色黑色頁岩，砂岩，及礫岩，中夾煤層。有時含灰岩數層，中有魚類化石。頁岩內含植物化石頗多。全層厚約四百公尺，在北部分佈於淸水河一帶，在南部暴露甚廣，沿黃河西岸，再南跨黃河而生，直至陝西境內。

黃砂層　在較古地層之上，岩石以黃白色細砂爲主，中有片麻岩礫石層，膠結堅固者成砂岩及礫岩。厚由二十公尺至四十公尺，分佈於北部包頭一帶。在他處常有白砂層，曾採得上新世之化石。此層或與之相當。

礫石層　平鋪於黃砂層之上，粗鬆佈散，多礫石，常與砂土混雜。礫石大都爲石英岩，灰岩，片麻岩，膠着不固，成層不顯。厚薄隨地而異，厚者約十公尺，有時在五十公尺以上。分佈於北部包頭五原之間。

黃土層　在較古地層之上，谷旁小坡常有黃土，有時與礫石層不易劃分，而在其上，亦含礫石。黃土有直立劈開，而礫石平鋪成層，厚度不一律。

冲積層　爲最新之地層，凡谷坡砂礫低地淤土均屬之。多爲灰白色，有時呈棕色黑色。厚度不等，常在五公尺至二十公尺之間。砂礫分佈所暨，概成磽地，不利種植。淤土多分佈於黃河兩岸，恒爲沃壤，成河套一帶重要農田區域也。

二、地質構造

地質構造，大致言之，可分爲二種：因橫力之推擠，使地層褶曲錯裂，謂之褶皺；循垂力之方向，使地層升降斷折，謂之斷層。本區域山嶺平原，多與斷層有生成關係，而褶皺更爲發育。茲略述之，以示與今日地形之關係。

褶皺　褶皺影響所及地層，可分爲兩組：一爲太古代之地層，二爲震旦紀至侏羅紀之地層。太古代地層，褶皺頗多，略成東西或東北西南方向之向斜層，背斜層。地層傾斜陡峻，褶皺擠壓緊閉。大青山內，現像顯著。震旦紀至侏羅紀地層，褶皺劇烈，常成錯斷，最顯著之區域，亦在大青山。背斜向斜，逆掩斷層，屢見不鮮。大致言之，在本區域西部，地層層向，大致南北，或稍偏東北西南，傾斜向東或向西，常成背斜層，或向斜層。在本區域北部，層向延長，大致東西，褶皺劇烈。在本區域東部，層向大致南北，或稍偏東北西南，及西北東南，傾斜向西，或稍偏西北西南。擴觀之，河套一帶地層，略成一大向斜層，北部高山隆起，地層斷折，阿爾多斯區域，位於向斜層之中部也。

斷層　本區域斷層亦常目擊，顯著爲歸綏包頭一帶之斷層，爲正斷層。地形變遷甚騍，顯爲斷層所成。起於歸綏平原之北者爲大青山，峯巒峭壁，不可攀登，即斷層之仰側。斷層東西延長，西起包頭，東至歸綏，計長二百餘里。錯動西部較大，愈東愈小。次爲烏拉山斷層，北爲烏拉山，由太古代地層組成，爲斷層之仰側。斷層東西延長約二百八十里，錯動頗大。再次爲色爾騰山狼山一帶斷層，安北五原平原之北，山嶺突起，爲有斷層之證。仰側爲由太古代至侏羅紀地層，俯側爲冲積層。斷層大致向西北東南延長，錯動頗大，斷層以北，均爲山嶺，南多平原，即河套一帶之區域也。

三、地文

本區域北部西部東部均繞山嶺，黄河所經多爲平原，崛起於北部者爲大青山，烏拉山，狼山，東南行爲陰山山脈。向南地勢陡降，即河套一帶之區域。

高原　蒙古高原面積甚廣，在本區域者爲歸綏以北山地，穹然高起，勢若平台，高出海面在一千公尺以上。惟近河套一帶，爲高原之南端，剝蝕特甚，多成峻嶺。

山嶺　陰山山脈之一部爲大青山脈，崢起於本區之北，山嶺連綿，隨地異稱。大青山脈，峯巒叠嶂，山勢峻險，最高之峯，高出海面在二千公尺以上。烏拉山脈，勢亦嵯峨，東接大青山，西沒於原野，峯巔高出海面約二千公尺。狼山山脈，嶄巖峭壁，俯臨平原，山峯高者在一千五百公尺以上。色爾騰山脈，接連狼山，山勢聳立，峯巔在一千八百公尺以上。本區域西部寧夏以西，爲賀蘭山脈，大致向西南東北延長，山勢高聳，高峯可達數千公尺。本區域東部山嶺，爲太行山脈西出之閭尾，有呂梁蘆芽等山，高出海面亦在二千公尺以上，西至黄河，勢漸低徵。

河流　本區域河流，以黄河爲主幹。自甘肅北來，經寧夏，納賀蘭山脈之水，迤而東流，有大青山脈之水來會，至托克托，折而南流，納呂梁山脈之水。黄河蜿蜒曲流，成半環，所經區域，即所稱之河套。

盆地　最重要者爲黄河盆地，自歸綏以西沿黄河，迄於五原，地勢平坦，長約八百里，寬約六十里至一百六十里，高出海面一千二三百公尺。南連鄂爾多斯平原，北界大青山，烏拉山，色爾騰山，狼山，高於盆地者約六七百公尺。黃河盆地皆爲近代冲積層所成，土質肥沃，河流交錯，爲墾植重要之區。初視之，盆地頗似黃河侵蝕所成之寬谷，然細察其與山嶺之關係，皆以東西斷層間之盆地成斷層之俯側。黃河生成，殆在地層陷落以後也。

地文期　本區域因地形之不同，地文期大概可分爲五期，爲北台期，唐縣期，汾河期，淸水期，板橋期。北台期之侵蝕地面爲一大原，凡現在之高山頂悉屬之。以前地面大致平坦，惟起伏之狀頗爲顯著，組成此侵蝕平原之岩層，爲由太古代至侏羅紀之地層。蓋自下白堊紀之地殼運動發生後，繼以侵蝕期，夷山塡谷，使當時地面，成爲稍呈起伏之侵蝕平原。其時期或歷經白堊紀之末期，及第三紀之初期。唐縣期歷中新世，爲壯年時代陸地造成之時期。所謂壯年期之陸地，即合平坦寬廣之谿谷，與起伏蜿蜒之低山而成者。烏拉山北坡之梯地，高於河床六七十公尺，就礫石存在之情形，可見其沉積之際所佔地面必廣，而現在之河床其時尙未造成。汾河期歷上新世之末期，或更新世之初期，被侵蝕之情形似唐縣期，惟當時之地形仍谷廣河寬，成一壯年中期之形狀。淸水期自汾河期以後，本區域地面再行隆起，侵蝕復活。汾河期地面被當時河流沿故道侵削而下，在大青山最爲發育，在溝渠內時有黃土分佈，生成時期爲更新世。板橋期自更新世以迄於今，本區域地面略受扭曲之影響，故河流之侵蝕復活，造成陡而淺者之河谷，即最近之地形也。

第七章 結論

灌溉爲水利功用之最著者，在黃河中游已有其悠久之歷史。値此國衰民窮之際，巨額資款，未易猝求，爲事半功倍計，正宜就原有事業，擴充整理，以資憑藉而圖發展。甯夏方面，已有良規，建設當局，更多努力，前途擴展，正未可量。河套方面，冲積甚厚，引渠灌溉，即成沃壤。徒以缺乏整個計畫，致成效未能顯著，輒復聽其荒廢，風沙飛揚，瞬成漠邱。現當局爲治本之計，移兵屯墾，並已組織測量隊，實測河套全境，以爲整頓計畫之張本，是眞切中肯要之擧。包頭托縣間又係冲積平原，民生渠縱貫其間，關係民生至重，惜以計畫未臻完善，巨款幾等虛擲，當局亟當切實設法以圖補救。此外其他沿河灌溉，隨在多有，亦應竭力提倡，俾得水無虛糜，地盡其利，則所以增加國家富源者，將不可勝計矣。

開發西北，交通實居首要。現包甯間雖盛倡修築公路，而時局多故，難策行旅之安全，耗費過大，亦違經濟之原則，至於包甯鐵路，在短期間內更無實現之可能，故黃河航運，仍有其存在之價値與發展之必要。包頭以上，固無論矣，即包頭以下，又何莫不然。年來河套方面，農產極豐，徒以無處銷售，竟致穀糧積久腐爛，用代薪火，至爲可惜。如能利用水運，移河套之糧，救晉陝之災，其爲功德，曷可勝言。前章於整頓航運，言之綦詳，當局應知所注意矣。

晉綏當局，現正從事修築同蒲鐵路，將來擬以支路通河曲，俾與黃河水運相接，規畫甚爲遠大。惟托縣河曲間水運既難整理，則如將鐵路通至托縣，當可省去航運極大困難。是項計畫，如何方能獲得最大之經濟，須待詳細比較研究而定，而其先決問題，則測量工作是已。

水力發電亦爲水利要項之一。寧夏河口鎭間坡度極小，兩岸平原，自無可能。河口以下，似可利用。但此項事業，需款至巨，且附近無大工業可以用電，誠恐得不償失，固無妨從緩也。森林培植，與治河不無關係，惟需時甚久，收效極緩，且非大規模舉辦不爲功，如爲經濟所許，自可加以注意，否則俟之異日可爾。

黃河中游，水在地中行，無堤防之設，雖偶有洪水，而氾溢荒原，亦復無人注意。現擬整理河槽者，只所以爲舟楫關可航之路，並非如下游之防災者也。雖然西北開發已具決心，此後蒸蒸日上，可以預言，他日繁茂，亦正無異於中原，而其重視黃河，更將什倍於今日。則現時綢繆，自極所宜，水文雨量諸站，有即刻設置之必要，地形及河道測量，亦應同時並舉，以備應用。否則是項紀載永付闕如，雖有巨款，何能施工。此有關國家命脈之水利事業，甚望不爲國人所忽視也。

黄河中游調查報告

民國二十三年十月

調查者　王華棠　劉錫彤　吳樹德

發行者　華北水利委員會
會址天津義租界五馬路

定價　每册三角

後記

我是從數學史學習中逐步瞭解治黄史的。漢代《許商算術》的作者許商，好天文術數之事的王景、李尋善，他們既是數學家，又以治理黄河而聞名。我國現存最早的河工著作《河防通議》，將中國古典數學天元術運用到治黄工程中，創造了中國古代工程數學的一個高峰。除了數學史之外，内蒙古師範大學科學技術史研究還以少數民族科技史和地方科技史見長。李迪先生曾指出地方科技史研究的重要内容是人與自然環境變遷、科技遺迹與自然環境以及環境與生産的關係，此類研究具有明顯的現實意義和重要價值。想要通過大科學史研究，弄清變遷的原因和未來的發展趨勢，産出對于地方各方面的開發有更大、更直接價值的成果，這類研究大多離不開文獻。之後，李迪先生更是直接指出科技史研究不僅是對過去的科技工作和科技成果的回顧與總結，而且要着眼于現代，讓古人的發明創造爲今人服務，繼續在現代發揮其應有的作用。我將先生大科學史的治學理念視爲座右銘，在科研工作中更加注重讓科研成果服務于國家戰略與區域發展需求。

二〇一九年九月，習近平總書記在黄河流域生態保護和高質量發展座談會上指出，黄河流域在我國經濟社會發展和生態安全方面具有十分重要的地位。黄河流域生態保護和高質量發展是重大國家戰略。同年十月，黨的十九届四中全會提出『加强邊疆治理，推進興邊富民』，首次把邊疆治理寫入黨的文件。内蒙古師範大學組織科研力量，積極申報研究闡釋黨的十九届四中全會精神的國家社科基金重大項目，其中『中國特色社會主義民族區域自治制度自信研究』項目獲批。我承擔其中的『鑄牢中華民族共同體意識下的民族自治地方文化自信研究』子課題，而黄河是首選文化要素。二〇二四年，該項目順利結項，我也對黄河文化所藴含的時代價值有了更深的體會。

有鑒于此，我帶領文化遺産智能應用服務中華民族共同體建設『英才興蒙』團隊，以黄河爲主題，開展了文獻、文物、傳統工藝等多模態資源庫建設和跨模態應用示範工作。這次與内蒙古人民出版社合作出版的《黄河國家治理文獻集成》，旨在梳理和總結文獻中所藴含的歷史經驗和文化信息，爲當代及未來的黄河治理和地方文旅産業發展提供參考與借鑒。

感謝内蒙古民族文化産業研究院、巴彦淖爾市圖書館等单位的傾力相助，感謝内蒙古自治區黨委宣傳部、内蒙古出版集團、内蒙古人民出版社對本項目的支持與幫助。

在此，也向致力于黄河治理和大河安瀾的歷代先賢與當代典範表達崇高的敬意：你們的不懈努力與無私奉獻，爲黄河的安寧與人民的福祉築起了堅實的防綫；你們的智慧與勇氣，將永遠銘刻在中華民族的歷史豐碑上，激勵後人不斷前行。

董杰

二〇二五年一月